U0533060

The First Rule of Mastery:
Stop Worrying about
What People Think of You

没关系，别在意

摆 脱 意 见 恐 惧
重 塑 真 实 自 我

[美] 迈克尔·热尔韦（Michael Gervais）
[美] 凯文·莱克（Kevin Lake）著

余相宜 译

中信出版集团 | 北京

图书在版编目（CIP）数据

没关系，别在意：摆脱意见恐惧，重塑真实自我 /
（美）迈克尔·热尔韦，（美）凯文·莱克著；余相宜译 .
北京：中信出版社，2025.3. -- ISBN 978-7-5217-7162-6

Ⅰ. B821-49

中国国家版本馆 CIP 数据核字第 20250VA464 号

The First Rule of Mastery: Stop Worrying about What People Think of You
Copyright © 2024 by Michael Gervais
Simplified Chinese translation copyright © 2025 by CITIC Press Corporation
ALL RIGHTS RESERVED
本书仅限中国大陆地区发行销售

没关系，别在意——摆脱意见恐惧，重塑真实自我
著者：［美］迈克尔·热尔韦　［美］凯文·莱克
译者：余相宜
出版发行：中信出版集团股份有限公司
（北京市朝阳区东三环北路 27 号嘉铭中心　邮编 100020）
承印者：北京联兴盛业印刷股份有限公司

开本：880mm×1230mm 1/32　　印张：7　　字数：136 千字
版次：2025 年 3 月第 1 版　　印次：2025 年 3 月第 1 次印刷
京权图字：01-2024-4348　　书号：ISBN 978-7-5217-7162-6
定价：59.00 元

版权所有·侵权必究
如有印刷、装订问题，本公司负责调换。
服务热线：400-600-8099
投稿邮箱：author@citicpub.com

联袂推荐

我们每天都会被各种声音包围：同事的评价、领导的批评、父母的期待……其实，真正的成长，从来不是去迎合外界的标准，而是多问问自己内心的声音，向内求才能获得力量。我们是自己的导演，不要让别人的评价成为你人生的旁白。

——史欣悦，君合律师事务所合伙人、《自洽》《有言以对》作者

没关系，别在意——看到这句话时，不知道你有什么感觉？我呢，心里会一松。看这本书的过程中，我心里一松，又一松。我是一个共情能力很强的人，他人的感受和看法占据了我大量的精力。这些年，我在创业的同时也做知识博主，这让我暴露在大量的"评论"和"意见"中，我一度几乎招架不住。但也是这个契机，给了我一个机会，让我重新审视外界的声音。比如，我常常问自己：

1. 那些评判是真的吗？
2. 你自己真实的需求是什么？
3. 如果你恐惧的最坏情况发生了，又会怎样？

每一次审视，都让我一遍又一遍确认：那些让人困扰的声音，多数都是噪声。当噪声被消除时，世界变清静的那一刻，就是你内心安定的瞬间。在这本书里，有很多能帮你消除噪声、回归本心的方法。作者抽丝剥茧地帮我们分析了：当你在恐惧那些意见时，你究竟在恐惧什么。当你想明白了这个问题时，你心里一定会响起这个声音——"没关系，别在意"。

——崔璀，优势星球创始人、优势管理研究者

这本书对 FOPO 的讨论对于在东亚文化里成长起来的我们尤其重要，因为在集体主义文化中，他人的看法更具分量，也更容易动摇我们的自我价值感和身份认同。作者用简洁的语言传递了颇为深刻的思想，他有相当丰富的助人经验，再加上所列举的生动的实例，让人拿起这本书就很难放下。

——史秀雄，知名心理咨询师、播客《史蒂夫说》主播

一个人是否成熟，体现在他对自我认知的态度上。女性、母亲、作家、创始人，这些身份只代表我在做什么，并不能定义我是谁。时间宝贵，唯有不断学习、勇于挑战，才能突破 FOPO 的束缚。记住，"勇气不是没有恐惧，而是战胜恐惧"。

——范海涛，传记作家、海涛工作室创始人

打败怪兽，要从给怪兽正确命名开始。这本书从 FOPO 这一概念出发，带领我们一步步认识"过于在意他人眼光，害怕他人负面评价"这头怪兽，指导我们采取不同的练习，修正心态，找到自我。强烈推荐给被外界评价、完美主义、优绩主义、精英文化等因素困扰的大家。

——携隐 Melody，播客《纵横四海》Ready Go 主理人

身为职场培训师，我深知内心强大对一个人事业的重要性。这本书就像是照

向我们内心世界的一面明镜。它不仅剖析了我们为何会过度在意他人的看法，还提供了超实用的应对方法。读完这本书，你将学会在复杂的职场中如何保持自我、专注目标，不再被他人意见左右。推荐给每一位想在职场中突破困境、实现自己潜能的朋友！

——朱老丝，知名培训师、畅销书《有趣》作者、麦肯锡前咨询顾问

人生的意义不是得到他人的认可，而是得到自己的认可。假如你也受 FOPO 影响，这本书可以带你直面痛苦的来源——不是他人，而是我们自己的内心。这本书的特别之处在于，它不仅强调向内求，也告诉我们人与人之间需要相互连接。当我们真正爱上不完美的自己时，我们也会真正爱他人；当我们能笑着对他人说这点儿小事没关系的时候，我们也就真正摆脱了 FOPO。愿我们都能真正地成长为自己喜欢的人。

——刘泠汐，治愈漫画 IP "牛轰轰" 作者

我爱迈克尔·热尔韦——他观察细致，直言不讳，总是能给出完美的建议！他借用最新的研究成果，并结合亲身实践经验和原则，阐释了我们为什么如此在意别人对我们的看法，以及我们该怎么做。

——安吉拉·达克沃斯，畅销书作者、品格实验室联合创始人

无论是在职场或运动场拼搏，还是为人父母，作者的这本书都能帮助我们专注于我们能控制的因素，进而做得更好，而不是把注意力和精力浪费在那些无法控制的因素上。

——萨提亚·纳德拉，微软首席执行官

这本书精彩地阐述了如何应对 FOPO 的挑战。领导者如果想建立以学习成长而非外部认可为目标的企业文化，这绝对是一部好作品。

——凯瑟琳·霍根，微软首席人力资源官

这本书极具说服力，作者通过分享当下的见解和永恒的智慧，让我们从对他人意见的恐惧中解脱出来，去探索潜力、开拓生活，并积极为他人服务。书中的观点论据充分，能够引导读者自我反思，并且作者提供了切实可行的工具和方法，让我们可以在现实世界中加以应用。

——布雷迪·布鲁尔，星巴克公司执行副总裁

作为一名饱受批评的芭蕾舞者，我全心全意地向你推荐这本书。在书中的每一页上，作者都温和地引导我们走向解放自我的认知：我们的价值不由别人的判断和意见所定义，而是取决于自己的自我意识、激情和对事业的承诺。

——米斯蒂·克普兰德，美国芭蕾舞剧院首席舞者

我们每个人都在很大程度上让 FOPO 控制着我们的生活，它影响了我们的信心，并最终确立了我们在世界的位置，这真是太疯狂了。对我们所有人来说，这本书提供了一幅不可或缺的自我控制路线图。

——凯丽·沃尔什·詹宁斯，5 届奥运会运动员、4 届奥运会奖牌得主

我真希望自己能早点儿读到这本书。在这个要求我们既优秀又快乐的世界

里，对于任何希望成为最好、最重要以及最快乐的自己的人，这是一本颠覆游戏规则的好书。

——朱莉·福迪，两届国际足联女足世界杯冠军、两届奥运会金牌得主

这本书充满智慧，它教导我们要专注于自己真正想成为的人，而不是我们想象中的别人眼中的我们。这是一堂大师课，作者带领我们向内探索内心世界，明确自我价值。很开心这本书能在全世界出版！

——阿波罗·奥诺，8届奥运会奖牌得主

目 录

引言　VII

无形的限制　X

坚持自我　XIV

掌控的本质　XV

靠近FOPO　XVIII

第一部分　FOPO的真相

1　贝多芬的秘密　003

追求认可　007

庇护所　008

直面恐惧　009

通往掌控之路　011

真正实现自我　012

2 FOPO 的运作机制　　015

内在的测量仪　018
FOPO 的特征　020
FOPO 循环　022
FOPO 的诱发因素　028

3 产生恐惧的主要原因　　031

保护回路　034
生理反射　036
威胁反射　037
条件反射　037
暴露疗法　039

4 FOPO 的滋生地：身份认知　　049

什么是身份认知　053
身份认知的来源　054
传统社会中的身份认知　056
由如何表现定义自我　057
由表现结果定义自我　059
基于表现的身份认知　061
基于自我意识的身份认知　065
学习者心态　066
个人目标高于他人认可　069

5 自我价值判断对 FOPO 的影响　073
自我价值　075
依赖型自我价值的代价　079
自我价值外化的原因　082
内在价值取决于什么　084

6 FOPO 的神经生物学原理　087
与自己的思想独处　088
忙碌的大脑　089
控制漫游的思维　091
正念修习　093

第二部分 FOPO 的心理机制

7 聚光灯效应　099
错误共识效应　102
锚定难以调整　103
真正的关键时刻　104

8 别人在想什么　107
我的转变　112
防御或探索　114
读心术并非超能力　116
别推测，直接问　118

9 我们所见乃自我本身 123

- 感知因人而异 125
- 信念过滤器 126
- 证真偏差 128
- 超越信念 132
- 人人都有偏见 132

10 独立面具伪装下的社会人 135

- 渴望建立联系 139
- 个体独立导致自我分离 140
- 自我中心文化 141
- 自力更生思想 144
- 对归属感的需求 145
- 人人相互关联 146
- 与整体相互关联 148

第三部分 超越FOPO，重塑自我

11 挑战固有信念 155

- 个人信念与身份认知 157
- 大脑保护个人信念 158
- 面对他人观点，审视固有信念 159

12 选择性听取意见 163
制定意见筛选标准 164
组建圆桌会议 166

13 珍惜每一天 169
为自己而活 170
追求内心的真正需求 171
珍惜时间，专注于能掌控的事情 172
思考死亡，积极生活 176
人生不留遗憾 177

注释 179
致谢 193

引言

我们恼怒于他人的一切,都能让我们更了解自己。

——卡尔·荣格

当我们把别人的观点看得比自己的想法更重要时，我们就会遵循他人的意见，而不是按自己的想法生活。垒球明星劳伦·雷古拉在参加 2020 年东京奥运会之前一直在努力解决这一难题。退役 11 年后，雷古拉得到了一个千载难逢的机会——再次代表加拿大国家队，参加世界上最大的运动赛事。2008 年北京奥运会，她在铜牌争夺战中遗憾失利，只获得第 4 名，离获得奖牌仅一步之遥。12 年后，雷古拉已经 39 岁了，是 3 个孩子的母亲，她和丈夫一起经营生意。加拿大教练打电话给她，劝她告别退役生活，为赢得奥运会奖牌做最后的努力。

如果这是一部电影，主角雷古拉可能会开心地尖叫起来。她的反应会是影片的情绪高潮，是激动人心的兴奋瞬间。但在现实里，她犹豫了。

在她的内心深处，她知道自己想这样做，但这件事充满挑战和怀疑。她曾参加过两届奥运会，她很清楚这可不是简单训练两周就能回家的事。[1] 她的 3 个孩子分别才 8 岁、10 岁和 11 岁，追求奥运梦想意味着她要离开孩子们很长一段时间。更难的是，在奥运会开始前的 6 个月里，运动员只能离开隔离训练中心一次。

"我是一名母亲，答应参加奥运会并不是一个容易做出的决定。"她告诉我，"在过去的 12 年里，我待在球场上的时间加起来也不过几个月，更别提我还跟丈夫一起经营着生意。"

但最终，让她想要放弃参加东京奥运会的不是年龄，不是长时间的退役生活，也不是她与产后抑郁的多年斗争，而是她对其他人的想法的焦虑和担忧。

这是雷古拉自己说的。

当我分享我的训练生活和我为梦想所做的努力时，我收到了这样一些评论。

天哪，我绝对没法这样……我绝对不能离开家庭那么长时间。（母亲失职审判）

你以为你还能行？我是说，你就不怕再也不可能达到以前的水平吗？（"你以为你是谁？"审判）

你不是史上最老的球员吗？（年龄审判）

你丈夫不介意你跑去打球吗？（妻子失职审判）

这些消极的话语带给我巨大的压力。我担心别人如何看我，如何看待我的决定，担心他们认为我是个不负责任的母亲和妻子，认为我太老了，认为我不可能做到。这让我陷入犹豫，我的世界围绕着别人的看法旋转。

现在，我收到的积极意见比消极意见更多，但我发现消极意见更能引人注意，并且在那时对我的影响更大。现在看来，当时的我被那些消极意见困住了，这让我想起我最喜欢的一句话："一棵树可以做成 1 000 根火柴，一根火柴也可以点燃 1 000 棵树。"

雷古拉在自我评价和别人对她的评价之间挣扎。她的困境是我们所有人都会面临的挑战，这一挑战以各种不同的形式出现在我们的生活中。我们是遵从自己内心的指示，还是遵从社会规范与外界期望？

换句话说，雷古拉患有 FOPO（fear of people's opinions，恐惧他人的看法），这差点儿让她失去实现梦想的最后一次机会。

无形的限制

FOPO 是一种隐形的流行病，它可能是人类潜力的最大束缚。[2] 在现代社会，我们过度关注他人对我们的看法，几乎形成了一种非理性、无意义且不健康的痴迷，其负面影响渗透到我们生活的方方面面。

当我们陷入对他人看法的恐惧时，我们会对自己失去信心，各方面表现也会受到影响。这是人的天性。

如果我们不多加注意，FOPO 就会占据我们的思维，慢慢毒害我们，让我们不再关注自己的想法和感受，而开始纠结于他人的看法和观点，包括他人明确提出的意见和我们感知到的他人可能会有的看法。这种对他人看法的过度担心会影响我们的决定和行动，还会影响我们的生活。

想想雷古拉吧。如果她让消极的想法占据上风，让自己受困于对他人看法的恐惧，她就会错过最后的去实现她毕生追求的机会。

FOPO 是人类天性的一部分，因为我们还用着古老的大脑。几千年前，对社会认可的渴望使我们的祖先变得谨慎而精明。如果狩猎失败的责任落在你身上，那么你在部落中的地位可能会受到威胁。但今天，随着社交媒体日益普及，年轻人面对的成功压力越来越大，以及我们对外部奖励、指标和认可的依赖越发严重，导致 FOPO 猖獗泛滥，难以控制。

领导者不敢果断发声、做出决策，公司总裁将股东们的短期利益置于公司长期健康的发展之上，政客们因为政党立场而不是道德良知投出选票，我们从这一切行为中都能看见 FOPO

在发挥作用。只有从根本上改变你与他人看法之间的关系，你才能获得自由——无论何时何地都让你舒服自在的自由。

　　FOPO 在我们的生活中几乎无处不在，其后果十分严重。我们行事谨慎低调，只因为害怕可能出现的批评。当受到挑战时，我们要么像豪猪一样，竖起尖刺保护自己的自尊，要么放弃自己的观点，为获得认可而扭曲真实的自我。当无法控制结果时，我们就沉默退缩。我们解读他人，只是为了融入，而不是出于友爱。笑话明明不好笑，我们也配合地大笑；被他人言语冒犯，我们却保持沉默，一边听一边计划自己该如何回应。我们追求权力，而非专注于目标。我们只知取悦他人，不敢挑战、质疑。我们追随别人的期待，却没有勇气追求自己的梦想。

　　我们向外寻求自尊与自我价值，透过他人的眼睛看自己，通过观察自己以外的事物来决定我们对自己的感觉。如果有人认可我们或支持我们的决定，我们就会感觉很棒。如果有人反对我们或不支持我们的选择，我们就会感觉很糟糕。我们四处奔走，试图取悦他人，扮演着我们自以为他们所期待的样子，而不是真实的自己。我们没有意识到自己的需求，或是在追寻价值感的过程中忽视了自己的需求。我们来到这个不可思议的星球，却将短暂的时光花费在扮演角色、维护身份、遵从他人可能的期望上。我们永远也不会发现，自己真正能成为什么样的人。

现在，想想你在生活中做过的决定。你选择你的职业道路，是因为你对这个领域充满热情吗？你选择法律、商业或其他专业，是否只因为那是别人期待你去做的？或者，你是否曾有过想改变生活的冲动，或想大胆地迎接新的挑战，却因为担心他人可能会有的想法而最终放弃了？

我们都有过这样的时刻，但问题是，当你逐渐不再关注"你"自己，忽视自己的才能、信念和价值观，开始遵从别人或有或无的想法时，你就会极大地限制自己的潜力和掌控力。

我们应充分发挥自己独特的品质和优势。我们总是挣扎在"成为谁"的困境之中，拼命争取成为那个我们认为更能被外界认可和接纳的人，但这种状态脆弱不堪，在日常生活的内外压力之下，我们很容易迷失。要想改变这种状态，你需要藏在内心深处的决心和远见。[3]

如果你过度受到外界因素的影响，比如他人的看法或社会压力，它们会困住你，限制你的可能性。[4] 你可能会告诉自己"胜算不大"或"我不够聪明"，而不采取切实行动；你可能纠结于"我年龄太大了"，而不敢转换职业。你如果因恐惧而放弃，不用行动去检验，那这些担忧便可能成为不可更改的事实。

对融入群体的渴望，对不受欢迎的恐惧，削弱了我们追求的创造理想生活的能力。

我们古老的大脑让 FOPO 成为生活常态，但这并不意味着我们非要深陷其中，不能自拔，让它阻止我们做自己想做的事。

坚持自我

伍迪·霍伯格的故事表明，当我们坚持走自己的路，不屈从于他人的看法时，人生才会展开无限可能。霍伯格是我见过的最优秀的人之一。他情感充沛、身心健康、才智卓越，可以说全面发展。他谦逊的性格和旺盛的好奇心与他的冒险精神相得益彰。他从小就喜欢登山，梦想着有一天进入太空。霍伯格在麻省理工学院取得了航空航天学士学位，然后去伯克利攻读计算机科学博士学位。

霍伯格喜欢解决技术难题，但他的兴趣不止于此。在伯克利，他周末常去学校附近的约塞米蒂国家公园登山，还会自己驾驶飞机，但他总希望自己的冒险能更专业、更有意义。他想把自己的技能用在一份有意义的工作上。为此，他想取得EMT（救护技术指导）证书，并申请加入约塞米蒂国家公园搜救队。

进行山地救援与攻读计算机科学博士学位完全无关，所以霍伯格向他的导师们寻求建议。霍伯格非常尊敬他们，直到今天，他们仍然是他的良师益友。许多人都劝阻他，告诉他："我觉得这不太合适，我不确定这对你追求的目标能有什么帮助。"

在学术道路上，导师们的意见很有分量。正如霍伯格所言："他们都是我非常信任和尊重的人，我想听听他们的意见。"但霍伯格并没有顺从大多数人的意见。"最后，我必须做出选择……我知道我要这样做，我很开心自己做了这件事，这是我生命中最美好的经历之一。"

霍伯格在伯克利获得博士学位后，开始在麻省理工学院任教。一天，他在攀岩馆训练时，一位好友告诉他，NASA（美国国家航空航天局）在中断4年后又开始接受宇航员的申请了。霍伯格在网上填了一份申请表，点了提交，他以为自己入选的概率为零。一年半之后，他从18 000多名合格的申请者中，被选中成为宇航员班的12名候选人之一。当我撰写本书时，霍伯格博士正在国际空间站进行为期6个月的任务，他刚刚和我一起录制了第一个来自外太空的播客。

霍伯格为什么会被选中？他认为正是加入约塞米蒂国家公园搜救队的经历，让他在申请者中脱颖而出。他坚持自我，拒绝向他人意见所施加的压力低头，这为他打开了通往太空的大门，让他实现了儿时的梦想。

掌控的本质

作为一名心理学家，我有幸与一些世界上最杰出的个人和团队合作。当西雅图海鹰队战胜丹佛野马队赢得第18届超级碗冠军时，我就在场边。我曾坐在任务控制中心，看着奥地利定点跳伞运动员菲利克斯·鲍姆加特纳在距离地球表面 24 英里[①]的高空，以超过 800 英里/小时的速度自由落体，创造了太空跳跃纪录。我在东京的海滩上，见证了美国冲浪队赢得这项运动历史上的第一枚奥运金牌。克里·沃尔什·詹宁斯和米斯蒂·梅-特雷纳堪称有史以来最好的女子沙滩排球组合，当她们在连续三届奥运会上获得该项目的金牌时，我也在场。当世界上最大的科技公司确定将基于思维模式、同理心与目标感建立企业文化之时，我跟该公司的首席执行官坐在同一间办公室里。

世界上最杰出的执行者不断突破人类潜力的极限，拓展了我们对可能性的认知。

根据我的经验，他们的优秀不仅仅在于技能出众。他们非凡表现的动力，不仅来自为做到最好而坚持努力，也来自对内在卓越的不懈追求。他们不断追求对自己的掌控。

这并不容易。我们总是把运动员、演员、领导者和音乐家视为天赋异禀的超人，认为他们拥有天生的身体技能和精神韧性，但现实要复杂许多。

事实上，成功，尤其是万众瞩目的成功，会让人更容易患

---

① 1 英里 ≈1.609 千米。——编者注

上FOPO。

想象一下,你每时每刻都被各方评价包围,来自粉丝、媒体、其他网民的批评和赞扬,24小时不断地向你涌来。想象你是一个歌手或演员,要不断接收各种对你的声音、外貌和能力的评论。这对你也会是一种折磨吗?

想象你是一名运动员,为了达到巅峰辛苦训练,奉献一生,却意识到权力与声名的诱惑可能会让你陷入孤独和抑郁。

想象你人生的成功只有单一的衡量标准:胜利。这对奥运选手尤其艰难,他们一生都在为一项赛事训练,而比赛时间有时甚至不到1分钟。想象你以第4名的成绩结束比赛,离奖牌只有一步之遥,却失之交臂。

这些情况在职场上同样存在。你在职业阶梯上爬得越高,就越容易受到监督和公众舆论的影响。领导者有权做出决策,他们的决策会对员工、客户、股东和公众等利益相关者产生重大影响,因而他们的决定和行动更会吸引大家的注意,引起大家的讨论。媒体报道会进一步放大公众舆论,给领导者施加额外的压力,迫使他们注意有效管理自己的公众形象。这就是为什么领导层充斥着FOPO问题。

我的观点是,专注于外在事物,将注意力放在那些我们无法控制的东西上,这一情况十分普遍,它并不会随着成功而神奇地消失。因此,重要的是,我们要开始将注意力转移到我们可以控制的事物上来。无论是艺术、商业、体育，还是子女的养育，要想掌握生活中的任何一个领域，都需要有能力区分自己能控制什么和不能控制什么。

当我们关注自己无法控制的东西时，我们就无法真正专注于自己能够控制的事物。因此，掌控人生的第一准则要求我们专注自我，审视自己的内心，从根本上掌控完全处于你控制范围内的事物，此外，一切事情都不在掌握范围之内。这是通往掌控之路的本质。

靠近FOPO

在高水平的运动中，运动员会预先进行意识和心理技能建设，这让他们在面临挑战时，拥有应对并驾驭挑战的内在工具。要改变我们与他人的评价之间的关系，我们也可以使用相同的方法。

本书的目标是阐明隐藏于表面之下的心理过程，并让它成为你最好的老师。将FOPO视作训练机会，在生活中找到它，认识到自己在面对他人可能的评判时，会如何回应，如何思考和行动，并以自己的反应作为跳板，从而更好地了解自己。

这本书的每一章都会从一个方面教你思考并学习如何利用FOPO释放自己的潜能。

与其逃避或忽视FOPO，不如将它看作一个学习的机会，一个释放你潜能的垫脚石，利用它来发现自己隐藏的一面。当FOPO出现时，勇敢地靠近它，去探索恐惧背后的东西。

例如，在客户会议上，你有一个很好的想法，却没有举手提出来。认真探究这是为什么。你是想充分考虑后再分享这个想法吗？你是害怕自己表达能力不足，不能说清楚吗？你是担心自己的观点不会被接受吗？如果是这个原因，那么别人不接受你的观点又会怎么样？这能代表你没有能力吗？这能说明你不够好吗？继续思考，找出你恐惧的根源。你给自己的理由是什么？

意识到自己对他人看法的恐惧，是战胜恐惧、摆脱他人的看法对我们的影响的第一步。意识是改变的起点，这可不是什么新奇的观点。每一本关于自我发展的专著、每一个新年前夕的决心、每一份12步计划，无一不是建立在意识的基础之上的。只有意识到我们要应对的挑战，我们才会开始考虑做出改变。

但意识只是第一步，我们还需要培养心理技能。有些人可能会恐慌发作，并敏锐地意识到是自己的想法导致了恐慌，但缺乏处理这些想法的技能。

雷古拉是一个典型的例子，她没有让FOPO支配她的生活。2020年东京奥运会因疫情推迟了一年。2021年，雷古拉随加拿大队前往东京，39岁的她获得了一枚铜牌，站上了奥运会领奖台。然而,雷古拉并没有忘记,她差点儿就偏离了通往梦想的轨道。

> FOPO,它真的存在。
> 我差点儿就让它阻挡了我前进的道路。
> 还好我没有。
> 还好,我有信心聆听自己的心声。
> 所以,问问你自己:
> 你是否被 FOPO 阻碍? [5]

第一部分　FOPO 的真相

1 / 贝多芬的秘密

艺术家永不为囚徒,不受困于自我,不受限于风格,亦不为声名和成就所俘。

——亨利·马蒂斯

没人能真正对 FOPO 免疫，你不行，我不行，世界级运动员也不行，甚至闻名世界的艺术家也同样为 FOPO 的力量所阻碍，如有史以来最伟大、最多产的作曲家之一贝多芬。

唯有直面 FOPO 的力量，我们才能迈出实现自我掌控的第一步。

聊聊贝多芬吧。

对许多人而言，他仿佛是一艘上帝精心挑选的音乐之舰，从更高维度引领音乐发展。他的作品完全改变了古典音乐世界。他打破所有陈规，创造出空前卓越的音乐。他是真正的创造性天才，突破传统，开创了自己的艺术道路。

贝多芬是这个星球上有史以来最无畏的艺术家之一，却曾有 3 年的时间生活在恐惧之中，极度惧怕他人的看法。

贝多芬在事业接近顶峰之时，逐渐淡出了公众的视野。他怀揣着一个秘密,他认为那个秘密一旦泄露,他的职业生涯就会毁于一旦。贝多芬似乎生来就与命运和世界的不公做斗争,而这位极富创造力的艺术家宁愿选择避世隐逸,也无法大声地说出那4个字:"我听不见。"

贝多芬在25岁左右,开始逐渐失去听力。失去他在艺术与生活中最重要的感官,于他而言简直是残酷的讽刺。他迫切地寻找各种治疗方法,从杏仁油耳塞到沐浴,甚至尝试有毒的树皮,却都徒劳无益。最初几年,除医生外,他不曾向其他任何人谈及自己日益恶化的听力问题。他声名鹊起,社会知名度越来越高,却独自带着痛苦和悲伤,困在自己的内心世界中。

为了掩盖听力问题,贝多芬藏在天才艺术家的光环下,伪装成时常分神、沉浸于自己思想的模样。有时,他听不清旁人说话,或听不见别人提到的某个声音,但人们会相信他只是没注意或者太健忘。"我很惊讶,有些人从未注意到我听力不好。或许是我时常恍惚,心不在焉,他们便将我的听力问题归于此。有时候他们说话声音太轻,我几乎听不见,只能听到声音,听不清他们说了什么。但要是有人大喊大叫,我又受不了。天知道我将来会怎样。"[1]

贝多芬忧心忡忡,一方面,他十分担心听力障碍会影响他的音乐创作,尤其是钢琴弹奏能力;另一方面,公众的看法对他也构成了同样强大的威胁。"我如果从事其他行业,事情会简单很多,但在我的行业,这种情况太可怕了。何况我还有不少敌人,他们又会说些什么呢?"[2] 他害怕批评者利用这一发现来攻击他。他担心他们的批评导致行业歧视,最终将他排挤出维也纳音乐圈,令他多年的努力付诸东流。和同时代的其他艺术家一样,贝多芬也依赖贵族的资助。比起丧失听力本身,克服其可能带来的社会污名或许更加困难。

受到最大威胁的也许是贝多芬的身份。"唉,我怎么能承认自己这一感官上的弱点,我的感官本应比别人更完美。我曾拥有最完美的感官,那是我们行业内都少有人能体会的完美。"他在给他兄弟的信中这样写道。[3]

他是音乐之神贝多芬,音乐之神理应比普通人更能聆听音乐。听觉丧失既不符合他的自我认知,也不符合他的公众形象。他的身份建立在他人的认可与赞扬之上,该身份举足轻重,如同他的血肉一般,真实而不可动摇。奇洛乌斯基亲王是他的资助者,在他写给这位慷慨的资助者的信中,他的身份近乎神话:"亲王殿下!你是谁,是由环境和出身决定的。我是谁,我是我自己。世间亲王成百上千,贝多芬却只有一个。"[4]

面对生存威胁时,我们大多会寻求自保,贝多芬也一样。为了保护自己,他没有向内自省,转变自我认知,而是向外挣扎,试图让外部现实符合他对自我的看法。贝多芬竭尽所能去构建现实,以逃避他人的看法。他常常听不见别人说话,又不敢让他们大声一点儿，唯恐被人发现他失聪的秘密。为了隐藏这个秘密，他扮演厌世者的角色，与世隔绝多年，孤独地活在无声的世界，甚至曾想过自杀。

追求认可

贝多芬自小就深信外界的看法非常重要。他的父亲约翰是一名资质平平的男高音歌唱家，他自己的音乐梦想因酗酒而终结，便想通过儿子实现自己的梦想。他自命为孩子的导师，对年幼的贝多芬施加言语和身体上的虐待，不断逼迫他。为了让贝多芬听话，约翰总是对他怒吼，言语威胁或拳脚相加，甚至把他锁在地下室里。[5]有一天晚上，约翰跟朋友出去玩儿，回家后，他让贝多芬为他的朋友演奏。小贝多芬那时要站在凳子上才能够到钢琴键，但他只要弹错一个音，就会遭到父亲的殴打。

年少的贝多芬音乐才华日益出众，于是他父亲决定让他成为下一个轰动欧洲音乐界的人物。约翰扮演起18世纪戏剧舞台上的父亲角色，像做销售一样在德国波恩所有的音乐圈里宣传自己的儿子。贝多芬7岁时，约翰在科隆租下一间礼堂，并在当地报纸上刊登了一则广告，宣传他"6岁的小儿子"有幸为宫廷演奏。[6]为了让贝多芬更贴合神童的形象，约翰谎报了贝多芬的年龄。从幼年开始，贝多芬一直接收这一不算隐晦的信息："真实的你还不够好。"

在事业早期，贝多芬就意识到，他在19世纪维也纳音乐界的发展与他的仰慕者的地位和意见直接相关。在更深层面上，他的亲身经历告诉他，唯有表现与成就才能带来认可和爱。他父亲的行为传递出一个明确的信息：贝多芬被爱不是因为他自己是谁，而是因为他做到了什么。将爱与认可混为一谈，往往会导致人们在以后的生活中形成追求认可的心理行为模式，而身处聚光灯下，又进一步加强了贝多芬的自我认知。

庇护所

唯有一个地方贝多芬可以去，那里别人的意见无法进入，自我怀疑无法侵袭，他的贵族资助者们也无法触及，那就是他的内心世界。

渐渐地，贝多芬完全沉浸于自己的音乐中，消失在自己的内心世界，彻底遗忘周围的环境，失去所有自我意识。他在任何地方都可能进入这种状态，如在笔记本上乱涂乱画或在人群中即兴表演时。

贝多芬的一位儿时的朋友回忆，有一次，她在和贝多芬说话，但他仿佛心不在焉，根本听不到她说什么。等他终于回过神来，会说："哦，对不起，请原谅我！我刚刚走神了，我沉浸在自己的想法中，那想法太美、太深邃了，我实在无法分心。"传记作家简·斯沃福德将贝多芬这样的情况形容为一阵"恍惚"[7]，称"他即使身处人群之中，也与世隔绝"[8]。一位对贝多芬早期事业起到重要作用的朋友给他这种状态起了一个名字，叫"狂想"[9]。贝多芬的狂想成了圈内的传奇，当他脱离社交时，常有人说："他又陷入狂想了。"[10]

在狂想中，贝多芬发展出一种内在能力，即他能专注于音乐，隔绝内部和外部的种种干扰。在那里，他能够不在意他人的看法，他享受在自己的洞穴里探险，因为他知道如何与自己相处，如何倾听自己的音乐。

对他而言，艰难的挑战在于从狂想中走出来，重新回到认可游戏中。

直面恐惧

贝多芬的听力问题日益严重，最终到了无法再掩饰的地步。1802年10月6日，他给他的兄弟们写了一封诚挚而痛苦的信，在信中描述了自己的困境，这封信被称为《海利根施塔特遗嘱》。[11]

哦！这些揣测甚至直言我心怀恶意、偏执厌世的人，你们真是大大地误解我了。你们不明白我为何表现出这个样子……请原谅我，当你们看到我退缩回避时，我内心其实很愿意与你们交往……我只能活得像个流亡者，一旦接近别人，就被恐惧深深笼罩。我害怕自己的病情会被发现……当我身旁的人听到远处传来的笛声，或听到牧羊人的歌唱，而我完全听不见时，这是多么耻辱啊。这样的事情让我近乎绝望，如果再多发生几次，我恐怕已经结束了自己的生命。

关于改变，最浪漫的情形是我们发现自己身心状态或环境条件的变化，并认识到自己需要做出改变。我们勇于直面改变，敢于承担风险，积极做出改变并收获回报。

不幸的是，这种浪漫难得一见。行为模式根深蒂固，改变谈何容易。我们都知道自己应该改变，但通常要等到迫不得已之时，才能真正做出改变。等到跌入谷底，痛苦已难以忍受之时，我们才被迫重新审视自己的生活方式。根据我的经验，往往是痛苦迫使我们改变。贝多芬便是如此。

《海利根施塔特遗嘱》是贝多芬身处最低谷时的绝望之作，但它同时标志着贝多芬与社会认可之间的关系发生了根本性的转变，也为人类历史上最伟大的创作者之一打开了新的大门，而这并非巧合。在说出自己的绝望后，贝多芬接受了失聪是自己的一部分。他下定决心，不顾一切地充分发展自己的艺术才能："我可能已经结束了自己的生命，只有艺术拉住了我，在我完成应该完成的一切之前，我不可能离开这个世界……他们说，现在我必须有耐心，让耐心引导我，我确实这样做了。"

贝多芬决定暴露自己最大的恐惧，通过这样做，他把自己从 FOPO 的麻痹控制中解放出来。他写道："所有邪恶都隐藏于神秘的表象中，在孤独中显得伟大不凡。坦然与他人讨论，反倒令恐惧更容易被接受，因为只要我们熟悉了自己所惧怕的东西，就感觉已经克服它了。"[12] 坦露失聪的秘密并没有毁掉贝多芬的生活，反倒以令人难以想象的方式解放了他。他不再试图控制他人的看法，而是重新掌控了自己的生活。

通往掌控之路

当贝多芬不再担心他人的看法时，他不再为外部世界表演，而是遵从自己的内心世界，为自己演奏。当他拥抱第一准则时，他真正走上了通往掌控之路。

掌控是对内在导向生活的外在表现。掌控之路没有终点线，它是一场浪漫的旅程，关注体验，体会真诚，不断探索，与真理共舞。我们只有下定决心，遵从自己的内心，由内而外地面对世界，才能踏上通往掌控之路。

单是技艺卓越不足以让人真正走向掌控之路。你如果不能认清自己是谁，发自内心地去创作，那么最多只能是优秀的表演者，无法成为真正的大师。如果你在挖掘自己内心的火焰之前，总是要先测量周围世界的温度，那么你将永远无法释放自己的潜能。

掌控无须比较。与其他伟大的作曲家前辈相比，人们可能会一致认为写下《海利根施塔特遗嘱》前的贝多芬已经是大师级别了，但通过与巴赫或莫扎特比较来衡量贝多芬的掌控程度实在是毫无意义。

衡量掌控程度的基本标准是我们每个人能成为什么样的人，并且，唯有接纳掌控的第一准则，我们才能知道答案。

真正实现自我

贝多芬不再浪费自己的内在能量，也不再试图影响他无法完全控制的外在条件，而是专注于掌控自己所能控制的一切。

他放弃了钢琴演奏师的职业，专注于作曲。当贝多芬放下自己应该是谁的执念时，他才真正发挥出自己的能力，实现自我，创造出一个前所未有的音乐世界。

在生命的尾声，完全失聪的贝多芬写下了他的最后一部交响曲，那是音乐史上最伟大的作品之一。1824年5月7日，贝多芬在维也纳康特纳托尔剧院"指挥"第九交响曲的首演，这是他10多年来第一次重返舞台演出。由于他的失聪，演出实际上由迈克尔·乌姆劳夫指挥，但贝多芬忍不住要向演奏家们展示他心中这支交响曲的风格和力量。他充满激情地指挥着管弦乐队，尽管对他而言，他们奏出的乐曲是无声的。[13] 演奏结束时，贝多芬仍然面向管弦乐队，因为他听不见身后观众的声音。女低音歌唱家轻轻拍了拍贝多芬，让他转过身面向观众，接受他们雷鸣般的掌声，以及在空中挥舞手帕和帽子的人群的赞赏。

我们常常试图控制他人的观点及他们对我们的看法，而讽刺的是，因为渴望获得认可，我们放弃了对自己生活的掌控。在意别人的看法，你将永远是他们的囚徒。

> **每日小练习**
>
> 　　我们来做一个练习，从而了解自己实际能控制的事物。你可以想象我说的内容，或者用纸笔把它们记下来（见图1–1）。
>
> 　　画一个大圆，再在里面画一个小圆，像一个甜甜圈。在外环里列出在生活中很重要，但你不能百分之百控制的事物。首先是他人的看法，很显然我们对此不具有完全的控制力。还有天气、你支持的球队的输赢、你的上司、市场环境、工作环境等，你可以列出很多。
>
> 　　在中间的小圆里，列出你能百分之百控制的事物，比如你上班到岗的时间、你跟孩子交流的方式、你在工作中的努力程度等。

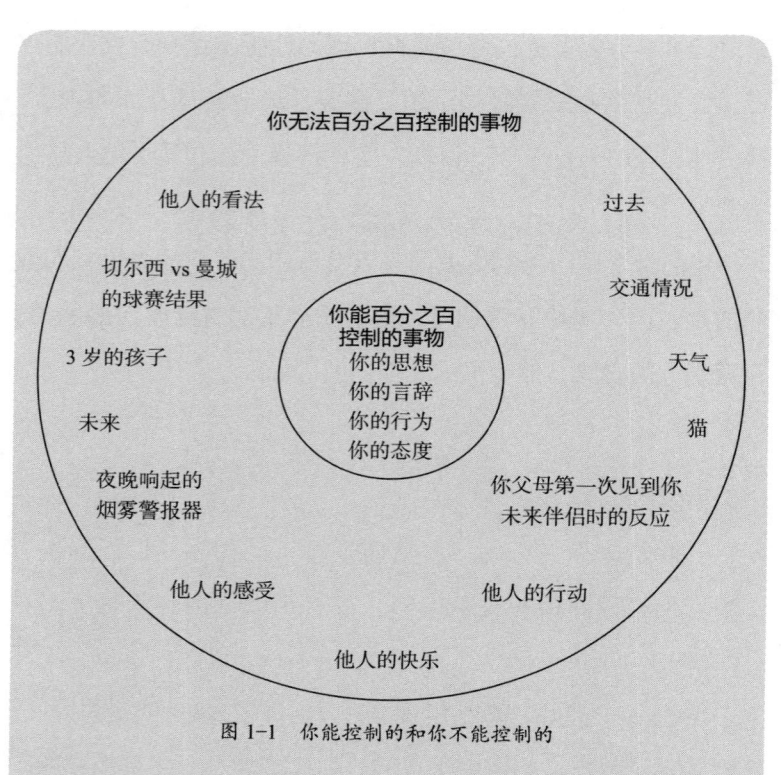

你无法百分之百控制的事物

- 他人的看法
- 过去
- 切尔西 vs 曼城的球赛结果
- 交通情况
- 3 岁的孩子
- 天气
- 未来
- 猫
- 夜晚响起的烟雾警报器
- 你父母第一次见到你未来伴侣时的反应
- 他人的感受
- 他人的行动
- 他人的快乐

你能百分之百控制的事物
- 你的思想
- 你的言辞
- 你的行为
- 你的态度

图 1-1 你能控制的和你不能控制的

现在，看看你的列表，什么是你真正有能力控制的？什么是你无法控制的？

2 / FOPO 的运作机制

观点最终取决于感受,而非智慧。

——赫伯特·斯宾塞

格莱美获奖者莫比是一位充满想象力的音乐艺术家,在我们的一次交谈中,他描述了沉迷于他人认可的感觉。

早期,我看到自己作为一名音乐人登上杂志封面时,我感觉:"哦,天哪!这是对我的认可,这是爱!人们认识我,关心我,我是有价值的!我有远在天涯的朋友,他们对我太好了。"从那之后的15年里,我痴迷于人们对我的评价,只因为获得认可的瞬间实在太美妙了。这么说听上去好像在描述酒精和毒品。一开始你会觉得"这太棒了……这解决了我所有的问题",然后慢慢地,你会发现它在摧毁你。[1]

莫比是一位拥有哲学思维的音乐家,随着时间流逝,他对认可游戏的动态有了清晰的认知。他做出了改变,不再继续关注外部世界。

多年来,我一直生活在公众视野中,对于别人会给我贴上什么标签,我并不在意。我不再阅读社交媒体上的评价,不再关注各种评论,也不再回看以前的采访。那些访谈明显缺乏逻辑,令我感到尴尬不已。我希望这段话能帮助所有听到它的人:想想看,我们将自我意识和自己的情绪状态全都交给陌生人,交给那些我们根本不认识的人,他们可能只是马其顿巨魔农场的机器人,这多么荒谬啊……不久前,我才意识到,如果我时常被那些素未谋面之人的意见困扰,我就无法保持理智和冷静。

莫比屏蔽了陌生人的意见。他不认识这些人,这些人也并不真正认识他。"我知道他们不是针对我个人,因为他们评论的并不是一个人,而是一张照片、一个形象或一种想法。"

正如莫比所认识到的,在任何刺激和我们的反应之间,都存在一定空间。[2] 人类的特权之一便是,在该空间内,我们拥有一定的自由和力量,可以选择自己如何反应。我们也许无法控制生活中发生的事,但我们可以控制自己面对这些事情的反应和态度。通过有意识地选择自己做何反应,我们能克服僵化的自动模式,摆脱习惯性和条件性行为。

最初，莫比认为他的经历"只与公众人物有关"，比如"职业运动员、演员、歌手或政客"。"但现在每个人都有手机和社交账号，人人都成了公众人物。我家楼下超市里负责打包的员工也是一名公众人物，他也有照片墙（Instagram）账号。也许只有20个人关注他的照片墙，但那也是公开的。"正如莫比所言。

身处数字时代，通过公众舆论来判断自己的状态，衡量我们的社会价值，这已经成为一种日益普遍的现象。但将公众当作定音钟，过度依赖外界评价，这实际上非常危险。

内在的测量仪

我们天生需要与他人建立并维持关系。社会性是人类的固有属性，是所有文化共有的特征。从进化论角度看，人类一直群居生活，共同抵御掠食者，获取生存资源。但我们的社会性不仅仅出于实际的生存需求。我们天生渴望与人建立联系，寻求归属感，这对我们的心理和情感健康至关重要。我们需要感受到被爱、被接受、被尊重，于是常常寻觅能帮我们获得这些感受的关系。

考虑到我们的生存和繁殖基本上依赖社会关系，因此我们需要评估自己是否融入社会，还要有能力判断应该如何融入。

杜克大学心理学家、神经学家马克·利里博士发现了这一机制。利里博士在一项关于"拒绝"的研究中发现：当人们感到被接受时，其自尊感会明显增强；而当人们被拒绝时，其自尊感会减弱。但利里不理解这一发现，因为在普遍认知中，自尊是人对自身总体幸福感的一种个人评价。理论上，我们的自尊应该与他人如何对待我们无关。

利里进行了更深入的研究，试图理解我们为什么会这样。我们的自尊为何容易受到他人接受或拒绝的影响？他数十年的研究颠覆了人们对自尊的普遍看法。在利里看来，自尊并不反映我们对自己的尊重，而是提供"持续反馈，反映我们在他人眼中的位置"。[3] 利里认为，自尊是一台内在的测量仪或计量器，让我们能及时感知别人对我们的看法。

从进化的角度来看，自尊已经发展为一种监控我们人际关系质量的机制。该机制监控他人对我们行为的反应，它一旦感知到受认可的状态出现任何可能的变化，便向我们发出警报。监控系统通常会无意识地运行，直到它监测到我们的关系价值下降或偏低，才会拉响警报。当警报响起时，我们会意识到可能威胁自己社会关系的风险，并评估具体情况：我是被接受了，还是被排挤了？我需要调整自己的行为来修复这段关系吗？

人际关系对于生存的价值如此之高，所以我们的大脑和身体运用高度网络化的机制调动内部资源以应对人际关系，这很合理。同时，我们还发展出了具体的反应机制，尽量减少拒绝，提高接受度，这也很合理。持续监控人际关系实属正常，这几乎是人类本性的一部分。我们都在人际交往过程中扫描环境、搜寻线索，以评估自己在社会结构中的价值。但恐惧他人的看法并不合理。如果说利里的社交测量仪是我们调节社会关系的健康标准，那么 FOPO 则是它不利于适应社会的阴影面。

FOPO 不是基于个人自我意识校准他人的反馈，而是让他人决定自己的价值。在 FOPO 的影响下，我们会条件反射地高估他人的意见。我们将判断自己在一段关系里的价值的权力拱手让人，这十分危险。我们一旦允许他人赋予自己价值，就会发现自己始终只能关注个人的基本生存。

FOPO 的特征

FOPO 的一个特征是，它是一种预判机制，涉及心理、生理和身体的激活反应，其目的是先发制人，避免遭受拒绝，从而培养人际关系，增加关系中的认可度。相比于"哦，我最好是根据某件事的真实反馈以及自己内心的观点来调整行为方向"，FOPO 会让人环顾四周，"哦，我想象可能会发生某种情况，虽然还没有任何确定的依据，但最好预先进行调整"。

FOPO 的另一个特征是高度警惕的社交准备，随时检查和扫描社交关系以寻求认可。我们会过于在意他人可能会有的想法，对潜在的拒绝信号变得高度敏感。

FOPO 是竭尽所能地试图解读他人的想法，努力避免他人的负面评价。真正的问题并非负面看法本身，而是对负面看法的恐惧。我们观察他人的言谈举止和细微表情，分析他人说出的话语或无言的沉默，关注他人的任何行动甚至他人根本没有行动。我们不断搜寻并解读环境中的种种线索，试图先发制人，发现可能出现的负面看法。

　　FOPO 与人际关系密切相关，但它实际上是一种个人体验。它是一种发生于个体内部的思想、感觉或感知，只是这种个人体验的驱动力源自个体高度关注他人如何看待自己，或自己的行为举止是否被他人接受。

　　FOPO 是行为决策的潜在过滤器，它告诉我们如何思考，判定我们该说什么、做什么。它引导人们做出选择或采取行动，只为了获得社会认可或不被他人批判，而不是遵从自我价值或个人喜好。

　　FOPO 是一种回避他人不利看法的非临床症状。它虽然达不到临床诊断疾病的标准，但会给人造成严重的痛苦。

　　就像在电脑后台悄悄运行的应用程序会占用内存、降低处理能力、耗损电池寿命，最终影响电脑性能，FOPO 也会大量消耗我们的内在能量。FOPO 控制叙事过程，试图管理他人的看法，不断压抑个人的观点；FOPO 让人过度谦卑，为避免负面看法而迎合他人，甚至竭力取悦他人；FOPO 使人用自嘲式的幽默贬低自己的优势，扭曲顺从，关注自己的缺点并过度补偿，不停地寻求认可；FOPO 造成我们心率加快、肌肉紧张、焦虑不安。通过这一切，FOPO 会耗尽我们的内在能量，最终拖垮整个系统。

FOPO 循环

想象你正在跟上司进行一对一谈话，或者正在会见重要客户，又或者参加第一次约会，如果你患有严重的 FOPO，你可能无法专心倾听，也无法真正融入交流的过程，我们都有过这样的经历。

这是为什么？因为 FOPO 唤起了一种心理和行为循环，该循环由人际交往发生之前的"预期"、发生过程中的"检查"及发生后的"反应"3 个阶段构成（见图 2–1）。

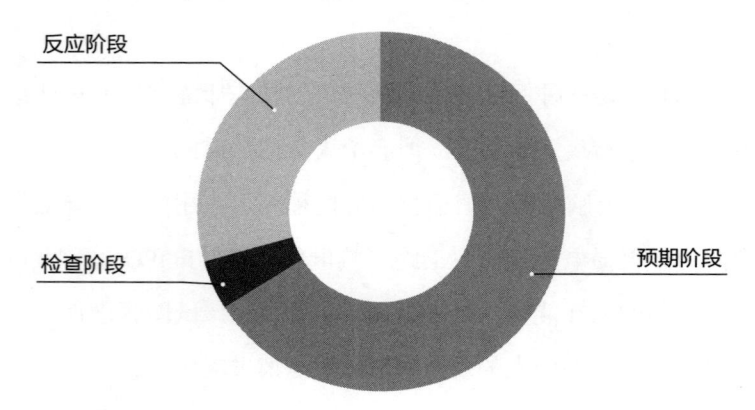

图 2–1 FOPO 循环

预期阶段

在预期阶段，经历 FOPO 的个体会全神贯注于模拟情景，以评估他人接受或拒绝的可能性。他们常常会问自己这样的问题："如果我这样做，会被接受吗"或"如果我那样做，他们会怎么看我"。人们热衷于揣测他人会如何看待自己。他们不太关注真实体验，反倒纠结于对方或有或无的看法。在这种互动中，他们无法融入共同的社交体验，只一心关注自己是否被接受。

当然，想获得重视和认可乃人之常情，比如上级的认可对我们的职业生涯有很大影响。但过度关注自己感知到的他人看法会破坏有意义的交流互动，其结果是压抑我们的激情和好奇心，降低我们对新思想的接受度。

在商务会议中，我们可能过于关注自己是否被接受，以至于无法充分考虑各种提案的潜在利弊，无法衡量各提案如何有效帮助团队完成整体任务。

在恋爱关系中，我们可能过于关注自己是否会被伴侣接受，以至于无法充分欣赏并享受与恋人之间的共同经历和浪漫关系。

理解和重视他人的意见是社会智慧的组成部分，但当感知他人看法成为我们思想和行动的主要驱动力时，问题就严重了。

我们不利用自己的想象力去实现富有创造力的有益目标，反倒将其浪费在自己完全不能控制的事情上。

FOPO 预期阶段的注意力成本消耗极高。而要想在生活中取得任何成就，我们都必须专注于当下。

持续的 FOPO 使我们无法专注于手头的任务（这是成长和进步所必需的），抑制我们吸收新信息、新想法的能力，还会消耗人的精力，进而需要更多的时间来恢复。

检查阶段

在实际交流互动过程中的检查阶段，个体不停地扫描包含接受或拒绝信号的外部线索，包括微表情、语调、肢体语言和非语言暗示。这种持续扫描的状态会让人筋疲力尽，无法充分参与互动并享受互动体验。

微表情是一种不由自主的瞬间面部表情，可以揭示一个人对我们的感觉。微表情一般是眼睛、嘴唇和额头的细微动态。皱起的鼻子和翘起的上唇可能表示厌恶或轻蔑，而微笑表示接受。

语调可以提供与关系状态有关的线索。例如，语调平平可能意味着兴趣索然，而积极活跃的语调暗示热情和渴望参与。柔和舒缓的语气可能表示同情，而严厉的语气可能表明对方对我们不满。音量、语速和音调的变化也能让我们洞察到对方对我们的情绪和态度。

肢体语言提供了一扇了解他人的窗口，让我们读懂他人并未言明的信息。直接的目光接触表示感兴趣或积极参与，目光瞥向别处则可能是不舒服或缺乏兴趣的信号。开放的姿态，比如打开胳膊和腿，表示平易近人和心态开放，而交叉胳膊和腿意味着防御心理。点头表示同意，身体向别处倾斜则暗示不感兴趣。

最后，用词也能提供线索，它能让我们了解自己在他人眼中的位置。例如，使用"我们"这样的包容性语言意味着接受，表明自己是团队的一部分，而"他们"表示自己不在其中，暗示着排斥。正确称呼你的名字意味着对你的认识和认可，而当你名叫迈克，却被误称为"戴夫"时，说明你不受重视。

与预期阶段一样，检查阶段的线索扫描也需要极高的注意力成本。如果过于关注他人的微表情、声音、肢体语言和话语，以确定他们对你的感觉，你就很可能错过互动的重要部分，从而失去更深层次参与和建立联系的可能性。对一切线索的不健康的过度关注也会妨碍你贡献自己的全部知识、技能和想法，并限制你有效沟通的能力，就好像在高速公路上分心去观望路过的车祸现场。

是的，你可以一边看热闹一边开车，但严格来说，你一次只能专注做一件事。你要么在看车祸，要么在看自己的路。注意力是零和游戏，检查他人的反应实际上占用了你投入实际互动体验的时间和精力。

如何解读这些暗示并不是一门精确的科学。我们对线索的解读建立在当下情绪、童年经历、未经训练的心理框架、认知偏见和文化差异之上。如下文所示，我们会发现自己解读暗示的能力并不强，我们常常会误读线索。因此，我们在不擅长的事情上浪费了大量的时间和资源。

反应阶段

最后一个阶段是我们接受了感知线索后的反应阶段。"我和他人相处得好吗？我被接受了吗？"如果答案是肯定的，则FOPO周期暂停，在下一次刺激出现之前，FOPO患者可以暂时松一口气；如果答案是否定的或不确定的，FOPO患者会有以下五种反应方式。

第一种，为适应他人而扭曲自我。你在认可的祭坛上牺牲自己的真实表达，将自我扭曲成看上去能被社会接受的形状，但其本质是虚假的表演。你的反应不代表真实的自我。扭曲自我会带来暂时的解脱，但让你与他人失去真实的联系。你不分享真实的自己，就永远无法感受真正的交流，无法真正被理解、被接纳，也无法成为群体中值得信任的一员。伪装成虚假的模样会让你一直承受维持外在伪装的压力，这会加剧不安全感，加深暴露真实自我的恐惧。

第二种常见反应是遵从感知到的社会规范。我们调整自己的行为和态度，使其与个人、群体和社会的行为和态度保持一致。这能带来归属感和接受感，但限制了我们独立思考和行动的能力。我们避免表达不同的意见，比如：我们会假装喜欢或不喜欢一部电影、一首歌或一项活动，以迎合主流观点；我们会赞同一个行动或决定，即使内心并不同意；我们会假装持有相同的信仰或政治观点；遵从社会规范会导致焦虑、抑郁和其他心理健康问题。

第三种反应是对抗。我们可能会挑起冲突，观察他人的反应，以判断自己是否被某人或某团体接受。如果被他人接受，我们可能将其作为证明自己被重视的重要指标。如果遭到批评，我们可能会发起攻击。对抗方式也许是微妙的，例如，有人会自我贬低，说自己不受欢迎，如果收到积极反馈，就用它来自嘲。这是一种面对恐惧的方法，可以掩饰我们对被拒绝的恐惧，但也回避了表露真实的脆弱，让人无法表达对被接受的真诚渴望。

第四种反应是切断联系。相比持续感到不安，不知道自己是否被排斥，我们可能会选择先发制人，比如，结束一段恋情，切断与亲人好友的联系，或者辞去工作。

面对潜在的拒绝，第五种也是最健康的反应是转向内心，根据自己的内在标准做出反应。在这种情况下，我们以 FOPO 为线索，更专注于自我探索，培养心理技能，甚至可能会阅读一本有关 FOPO 的书籍。在每一次听到 FOPO 的"钟声"时，你的目标是关注自己真正想成为什么样的人，而不是你以为的他人期望你成为什么样的人。

FOPO 的诱发因素

你多加注意就会发现一些 FOPO 的诱发因素。尽管我们各不相同，但我发现普遍存在两条驶向 FOPO 的入口匝道（见图 2–2）。

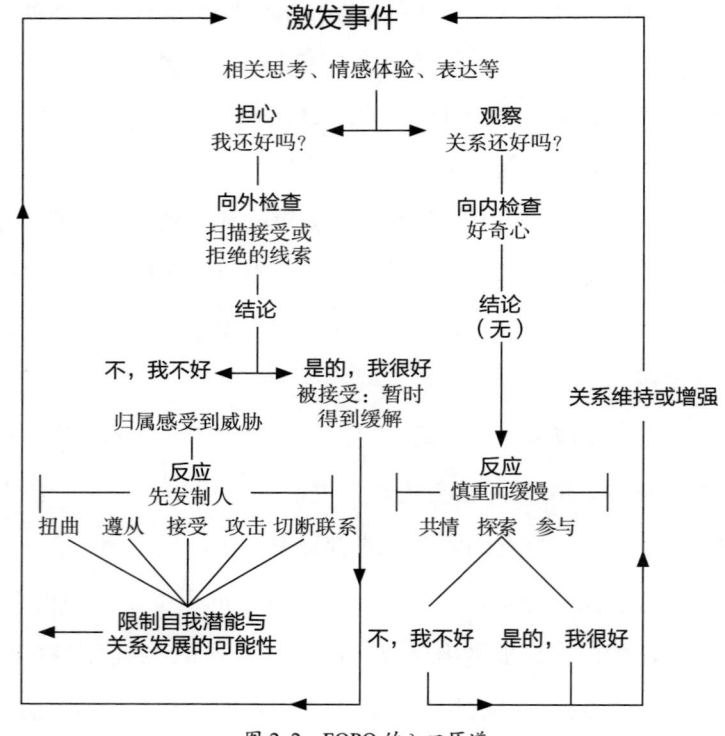

```
                        激发事件
              ┌──────────────────────────┐
              │ 相关思考、情感体验、表达等 │
              │                          │
         担心 ←──────────→ 观察
       我还好吗？          关系还好吗？
           │                  │
        向外检查            向内检查
      扫描接受或            好奇心
      拒绝的线索               │
           │                  │
         结论               结论
                           （无）
     ┌─────┴─────┐            │
  不，我不好  是的，我很好
              被接受：暂时
              得到缓解
  归属感受到威胁
      │                      │
    反应                    反应          关系维持或增强
  先发制人                慎重而缓慢
  ┌─┬─┬─┬─┬─┐          ┌──┬──┬──┐
 扭曲 遵从 接受 攻击 切断联系  共情 探索 参与
      │                      │
  限制自我潜能与
  关系发展的可能性      不，我不好   是的，我很好
```

图 2–2　FOPO 的入口匝道

自我意识匮乏是最常见的 FOPO 入口匝道。当我们缺乏清晰、稳定和积极的自我认知时，我们便会向外寻求他人的看

法，以确定我们对自己的感觉。

我们认为他人比我们更能看清我们自己，于是将权力交给他人，相信他人的观点，依赖他人提供认同或潜在拒绝的信号。

基于表现的身份认知也是驶向FOPO的快速通道。我们会在第4章详细讨论基于表现的身份认知，它是指自我身份认知取决于个人表现，根据自己在与他人相处中的表现来定义自我。我们让自己向外部寻求自我定义，并在此过程中更加重视外部反馈，而忽略自我内在的反馈。

每日小练习

为了更深入地了解你在FOPO 3个阶段的状态，你可以故意创造一个不适的环境，并仔细观察自己在每一阶段的反应。

例如，你可以浏览一下你的衣橱，刻意挑选出一些不合身或明显过时的衣服，选择一件穿着不舒适、完全不时尚的衣服。

接下来，你可以穿着这件衣服去参加社交活动，进一步放大不适感。活动可以是工作活动、社交聚会，甚至是个人活动，比如去热闹的餐厅独自用餐。

从你开始穿衣服起，演习正式启动。关注自己的心理活动，观察自己会如何预测即将到来的社交尴尬局面。注意你在此过程中产生的想法，你是否开始在心里找借口，劝自己不该继续这个练习？你是否会感到好奇，想知道如果穿着这样的衣服遇到认识的人，会发生什么情况？注意你心里关于自己的看法。在开始社交活动之前，持续关注和观察自己的内在体验，不要加以评判。

在开始社交活动后，探索你的"检查阶段"，观察你如何评估自己的幸福感。注意自己在没有全身心投入社交活动时的其他内心活动。

实验的第三阶段需要你更加注意自己的反应倾向。你是否倾向于做一些特别的事情来获得认可，比如多微笑或表现得过于随和？当对方表现出不太接受或对你不感兴趣时，你是焦虑不安，还是心情平静并感到自在？

抓住机会，从这个练习中获得乐趣。带着有趣的探索心态来对待这次练习，你会更加了解自己，也会更深刻地理解自己跟 FOPO 的关系。

3 产生恐惧的主要原因

勇气不是没有恐惧,而是战胜恐惧。真正的勇者并非无所畏惧,而是克服恐惧勇往直前。

——纳尔逊·曼德拉

在竞技比赛中，你认为谁承受的压力最大：是瑞奇·福勒这样的PGA（美国职业高尔夫球协会）球星，地方俱乐部职业球员，还是周末和朋友一起打球的业余爱好者？

我在红牛高性能项目担任顾问时，曾试图找到这个问题的答案。我和神经科学家莱斯利·谢林博士一起设计了一个压力测试，该测试分为3个阶段，我们在各阶段测量了每位高尔夫球手的大脑神经电活动和热耗率情况。我们观察他们的生理数据，并询问相关问题，以更好地了解各位高尔夫球手在测试中的心理策略。在前两个阶段，每位高尔夫球手都认为自己是这项研究的唯一参与者。

第一阶段，低压力测试。我们在球场周围放置了18个高尔夫球，距离旗子1~15英尺[①]，并让球手把球推入洞中。球手

---

① 1英尺=0.3048米。——编者注

击球时，只有我一个人在场观察。所有的高尔夫球手都表现出轻微的心率加快和大脑活动增强。[1]

不出所料，职业巡回赛选手瑞奇·福勒进球最多——18杆进洞15杆。我问福勒打得怎么样，他回答说："我打了17个好球。"我没想到他会给出这个数字，我告诉他："但你只进了15个球。"福勒毫不犹豫地说："是的，但对我来说，打高尔夫就是把我的注意力集中在我能控制的事情上，而不是只关注最终的结果。18杆球里，我专注地打出了17杆。"他的乐观心态可见一斑。

在第二阶段，我们提高压力值，将两台大型摄像机推到球场边，并安排两台手持摄像机近距离跟拍球手。测试中，我们没有跟球手解释摄像机的用途，也没有说明谁可能会观看录像。福勒的心率和大脑活动峰值都出现在测试初始时，他很快就控制住了过度兴奋的状态，恢复了平静，进球结果与第一阶段相同。而业余球手的兴奋度有所提高，相比第一阶段，他的进球得分略微下降。他表示这次经历十分"有趣""令人兴奋"，他"感觉自己像一名职业巡回赛选手"。他对自己的表现没有任何负面评论。

但地方俱乐部职业球员的感受完全不同。由于不习惯在镜头前打球，他的心率急剧上升，并在整轮测试中保持高位。他的得分明显下降。"我的表现真是一团糟……真希望我早点儿知道你们要拍摄……我看起来像个傻瓜……我是专业球手，我应该做得更好。"

在最后阶段，所有的高尔夫球手第一次见面。除了摄像头，我们又增加了两个压力元件。我们请来一群观众，并组织了一场推杆比赛，为当地的慈善机构筹集资金。

测试结果与前两个阶段几乎相同。PGA球星运用心理技巧来降低心率，屏蔽外部和内部的干扰，调节自己的情绪和生理反应。业余球手则满怀好奇，纯粹为了娱乐，完全不关心结果。只有俱乐部球员反应突出，表现得特别差。

为什么会这样呢？因为俱乐部球员赋予了这次活动更多的意义。他过度重视自己的"专业"身份，而这一自我认知受到了威胁。摄像机、观众和更专业的PGA球星在场，种种因素结合从而放大了他对他人看法的恐惧，使他担心别人可能会怎么看他：会不会评价他技术不行，完全不专业，根本不是他自认为的"专业球手"。他陷入了心理对抗、逃避或冻结状态，但由于他并没有意识到是什么想法触发了这一系列化学反应，因此他自己无法对此进行调整。

那天，在佛罗里达州霍贝湾的高尔夫球场，阳光灿烂，25摄氏度左右的天气温暖舒适，而他被迫进入了生存模式。

保护回路

我们需要理解恐惧本身，才能理解我们对他人意见的恐惧。

恐惧是一种适应性进化反应，旨在保护我们的安全。恐惧的主要功能是发出危险或威胁的信号，并引发我们适当的适应性反应。

古时候，人类要生存，需要具备快速识别并评估威胁的能力。我们的祖先以狩猎采集为生，需要战胜掠食者，抵御入侵者，随时与部落保持联系。保持高度警戒，随时做好准备应对危险，这对他们的生存至关重要。过度谨慎不会受到惩罚，但判断失误可能会付出高昂的代价。他们如果感到可能有老虎潜伏，便立即逃出丛林，即使最后发现那不是老虎，只是一只无害的动物，也不过是浪费了一点儿时间。但如果没有注意到环境中的危险信号，他们就可能付出生命的代价。

同样的原则也适用于当时的社会。人们依赖部落族群生存，如果不受他人青睐，被部落除名，那就等同于被判处死刑。在"孤独、贫穷、肮脏、野蛮、短寿"的自然状态下，人类无法独自生存。[2]

在自然选择过程中，人类的脑回路逐渐进化，让我们的祖先对威胁更加敏感，从而在生存游戏中获得竞争优势。上百万年来，威胁探测系统在早期人类的大脑中已经根深蒂固。

生理反射

恐惧是一种情绪，含有生理和认知双重成分。

威胁反射是身体对感知到的威胁做出的一系列不自觉的反应。当我们感觉到威胁时，大脑中的应激反应被激活，从而引发一系列神经和生理反应。

如果没有以下应激反应元素，我们就不会感到恐惧。当我们十分重视一件事情时，杏仁核（大脑两侧的杏仁状结构）会向下丘脑发出警报，下丘脑会启动交感神经系统，释放肾上腺素，使我们心跳加速、血液循环加快，同时肝脏大量释放葡萄糖。[3]我们消化系统中的血管会收缩，让血液流向手臂和腿部肌肉，做好防御或逃跑的准备。[4]此时，消化功能减弱，因为面对威胁时不需要消化食物。我们的胃会感知到该区域的血液和氧气不足，从而产生那种胃里有"蝴蝶"翻腾的感觉。[5]

大脑意识到身体的变化后，冷却系统被激活，皮肤开始出汗。汗水可以让皮肤更光滑，更难被抓住。当血管收缩时，我们心跳加速，呼吸变浅、加快。当身体反应过强时，流向四肢的血液增加，让我们感到手臂和腿部变得沉重。

当身体于无意识中准备撕咬、攻击或防御时，人的下巴会收紧。[6]当我们注意力高度集中时，为减少来自外部环境的噪声的影响，我们在处理感觉信息时会更有选择性。当肌肉紧张时，手指、声带活动等精细运动能力会减弱，从而有利于将资源分配给大肌肉群。[7]这就是为什么我们感觉到威胁时，很难较好地完成唱歌、弹钢琴、射箭、演讲等活动。

威胁反射

了解恐惧形成的生物学机制对改变我们与恐惧的关系至关重要。

恐惧系统旨在保护我们的安全。威胁反射具有通用性，并不局限于特定的威胁。如果神经回路被激活，我们会对任何事物产生恐惧。

威胁反射可以被两件事激活：一是记忆；二是即时体验，即当下发生的事情。恐惧系统将过去的经历深深植入我们的记忆。哈佛大学精神病学教授、世界顶尖的恐惧神经生物学专家克里·雷斯勒博士说，这些记忆可以保护我们，也可能带来危险。[8]对危险的记忆能让我们不犯错，避免做出可能伤害自己的错误选择或行为，以便帮助我们在未来规避已知的危险情况。在夏威夷，如果你被卷入20英尺高的海浪中并被救生员救起来，这段记忆会提醒你不要再将自己置于同样的险境。但也有一些记忆是危险的，它们会引起不适反应，限制我们的行为。

条件反射

记忆通过经典条件反射嵌入我们的恐惧系统，这一反应被称为巴甫洛夫条件反射。[9]诺贝尔奖得主、俄罗斯科学家伊万·巴甫洛夫在他著名的狗消化实验中意外发现,我们是通过联想来学习的。巴甫洛夫观察到,一开始,只有当面前有食物时,狗才会分泌唾液。而随着时间推移,狗的生理反应会发生改变——食物还没有端到面前,它们就开始流口水了。巴甫洛夫意识到,狗分泌唾液是因为听到食物到来前发出的声音,比如餐车靠近的声音。

为了验证他的理论,巴甫洛夫设计了一个实验:他每次都在食物送达前不久让铃声响起。起初,铃声不会引起狗的反应,但随着时间推移,狗只要听到铃声就会分泌唾液。

就经典条件反射的传统理论而言,巴甫洛夫的铃声是一种"中性刺激",最初并不会引起狗的反应。食物是引发自动反射的"无条件刺激",能让狗产生分泌唾液的反应。最初的中性刺激"铃声",在它与食物反复关联后,成了"条件刺激",引起同样的唾液分泌反应。

经典条件反射是一种通过联想进行的无意识自动学习方式,也是恐惧形成的机制。

人类记忆中,积极和消极体验的嵌入并不对称。创伤性体验发生时,并不需要一系列条件刺激和非条件刺激匹配。巴甫洛夫实验中,狗在反复将食物和铃声配对后才会形成新的反应,而人类的恐惧可以在一次强烈的体验中直接形成。一次尴尬的发帖、初一时惊慌失措的全校演讲、发现伴侣不忠、溺水差点儿被淹死、股票"跳水"造成倾家荡产等，各种触发因素都可能在那一刻让人产生巨大的恐惧。这种恐惧产生于一次经历，并伴随你的余生。[10]

这种不对称可能产生于进化中的适应性。[11]纵观历史，那些对威胁反应灵敏的人更有可能生存下来，因此，他们的遗传基因可能得以留存更多。

当然，内在恐惧也可能产生于长时间的多重经历的整合，如在学校里长期被同学排斥、在工作中长期忍受上司的情感虐待等。

恐惧系统具备学习能力，能够预测问题和危险，以保证我们的安全。随着时间推移，恐惧记忆还会逐渐扩大范围。[12]在学校被长期孤立的体验可能会演变为对亲密关系的恐惧，在工作场所遭受的虐待可能会演变为对权威更广泛的不信任。

暴露疗法

如果有一颗服下就能让恐惧消失的神奇药丸，那可太棒了！可惜这不现实。实际上，目前各种治疗方案，例如选择性血清素再吸收抑制剂（SSRI），治疗抑郁的氟西汀、左洛复，降低血压的乙型交感神经阻断剂等，其作用方式全都不是基于恐惧的神经生物学原理。这些疗法也许能减轻恐惧的症状，但并没有真正作用于恐惧系统的运作机制。

以认知行为疗法（CBT）和接受与承诺疗法（ACT）为主的许多心理治疗常用于解决适应不良的恐惧反应。暴露疗法是一种特殊的认知行为疗法，对强烈的恐惧有一定疗效。心理学家会为患者创造一个安全的环境，让患者在面对他所恐惧的情况或事物时，对焦虑激发因素的敏感度降低，甚至有可能完全消除恐惧反应。

作为一名运动心理学家，我跟一些运动员合作研究过这个问题。其中一名运动员是获得过赛扬奖（美国职棒大联盟年度最佳投手奖）的棒球运动员，是棒球界最好的投球手之一。不为人知的是，他对别人的评价和批判感到非常焦虑。

我们使用系统脱敏疗法，让人逐步暴露在引发恐惧的刺激中，以达到治疗恐惧症的目的。该过程的第一步是了解他如何经历恐惧。我需要全面了解他是什么样的人。他如何定义成功和失败？棒球对他而言有多重要？他是否感到呼吸和心跳加快？是否感到不安？是否有食物消化困难的症状？是否会失眠？是否感到身体紧绷？他的思维方式更偏向突破创新还是保守封闭？他容易分心吗？会不会小题大做？会不会胡思乱想？会不会优柔寡断？是否健忘？

他有认知和躯体双重症状。他的"脑子停不下来"：过度思考自己的投掷技巧，一直想如何击球，甚至纠结于更小的决定，比如午餐吃什么。他的焦虑还表现为肌肉紧张、大量出汗、心率加快。作为一名投球手，他要以接近 160 千米 / 小时的速度将球精准地击打至好球区。对他而言，手汗、肌肉紧张和心跳加速都是不利因素。他的大脑分泌了过多的压力激素，干扰了他的专业表现，并影响了他的整体生活质量。

我们探讨了焦虑的代价。让人真正了解焦虑对他们生活的影响，这十分重要。通过谈论焦虑的影响，我能看到患者有多渴望通过行动去改变自己的状态。改变过程相当困难，因此必须下定决心才能完成。

我对投球手说："我可以为你设计一个训练计划，但你必须坚持训练。你只要愿意行动，就能消除恐惧。"我鼓励他："你有潜力去改变你与棒球甚至你与生活的关系，让你每一次走上球场时不再如临大敌，十分紧张，感到被全民审视，而是享受乐趣和自由。"

他立刻燃起了希望。只见他抬起眉毛，嘴角上扬，深吸一口气道："真的吗？真的可以吗？这种恐惧太可怕了。"

我微笑着点了点头，请他分享一下他在投球区有过的"最佳状态"。

他谈起职业生涯早期："我记得那时我把赛场想象成一块画布。这听起来很奇怪，但那确实是一种艺术体验。当我跨过白线走上投球点时，我感觉那是我可以表达自我的地方。我对自己的能力充满自信，完全不受外界干扰。我跟队员们联系紧密，作为团队的领导者，我的领导力来自行动，而不是声音。那时，我十分热爱棒球。"

我转移话题，问道："你想要孩子吗？"

"当然。"他回答。

"好，那我们想象一下，假设你有一个 14 岁的儿子，他告诉你他'最近有些困难'，还问'你也遇到过感觉自己过不了的难关吗？一边实在是不堪重负想放弃，一边又清楚自己不该这么早放弃，还有许多东西有待探索'。"

他点点头。

"你看见了吗？他正盯着你的眼睛，寻求你的帮助。"

"是的，"他说，他的眼眶湿润了，"赢得赛扬奖的那一年，我特别焦虑，真的是一团糟。待在家里、开车去俱乐部、坐在休息区，我无论在哪，都感觉像站在有 5 万人注目的体育场中央，而我只想躲起来。"

"关于那个时期，你想对你儿子说些什么呢？答案没有对错，这是你的生活，你的冒险，你人生的岔路口。"

他向后靠在椅背上，整理思绪，默默地思考着所有选择。他看着我的眼睛说："我不知道自己能不能做到，但我知道我想对他说些什么。我想告诉他：'是的孩子，我做到了。在我的人生中，我直面恐惧，找到了自由。'但我现在真的不知道自己有没有信心做到。"

他沉默了。我们俩安静地坐着。

最后，他说："好，我决定了。我别无选择，必须这么做。"

于是，我们达成了共识。我们先确定恐惧触发等级，从最低到最高级，我让他列出恐惧值为1~100的各种情况。"上车去训练"，恐惧值为1；走进更衣室，在比赛日阵容牌上看到自己的名字，恐惧值为75；赛前热身，恐惧值为85；从候补区慢跑到击球区，恐惧值为90；季后赛赛场上，听到播音员介绍自己是首发投球手，恐惧值为100！

然后，我们开始讨论可以帮他克服恐惧的心理技巧。首先，我们揭开了心理学和生理学协同合作的神秘面纱，详细地讨论了他的身体出现应激反应的原因（自我保护和求生反应）。概述结束时，他明白了意识和身体是如何协同工作的，并从根本上理解了这些反应都是正常的。与此同时，他认识到，在他的职业中，长期的恐惧反应是完全适应不良的表现。

接下来，我们转向更为具体的心理训练技巧，比如呼吸训练、心理意象、乐观引导、自言自语和认知重组策略等。训练的核心原则是掌控自己能控制的东西，为此我们制订了专门的方案，以专注于控制范围内的元素。我们开发了一套优化的自言自语体系，还建立了一套包括呼吸训练在内的放松策略，来帮助他抑制交感神经系统。交感神经系统能对急性压力做出对抗、逃跑或冻结等应激反应。我们提高他的想象力，使他脑海中的图像尽可能逼真，理想状态是能够通过想象激活五感。

我们还设计了一系列活动，让他有意识地"给自己压力"，从而锻炼这些可控的技能。

经过一个星期的心理技巧练习，他准备好开始系统的脱敏训练。在我们开始前，他同意签署以下"合同"。

> 我理解并同意进行训练，刻意面对自己的恐惧。我理解训练方案是专门为我设计的，让我依次体验各个层次的恐惧。我承诺将运用心理技巧来处理自己的恐惧反应，并保证无论花多长时间，只要处于恐惧反应中，我都会积极地练习这些技巧。我清楚这样做有可能会加剧自己的恐惧反应。我将努力练习，正面应对恐惧的各个阶段，直到自己可以克服恐惧反应，并以放松状态面对曾经恐惧之事。

这份"合同"充满仪式感，要求他全力以赴，获得他所追求的自由。

我们将放松程度分为1~10级，10级为高度恐慌，1级为完全放松。我们一致认为，可接受的放松程度为2级。

正式训练开始了。

我们拿出他记录各级别恐惧情况的列表。他拉紧了心率监测器的带子，我问道："准备好了吗？"他笑了笑，深吸一口气道："医生，你不知道为了结束这一切我准备了多久。"

我们都坐直身子。他闭上眼睛，认真起来。

我带他经历了恐惧的第1级，用想象力去感受钻进车里去体育场的感觉。不到20秒，他的呼吸频率加快了一档，心跳很快跟上，皮肤温度也开始升高。在他的脑海里，他真切地感受着开车去体育场的感觉。

"放松程度为1~10级，你现在的感受是几级？"我问。

"6级。"他回答。

"很好。现在开始运用心理技巧。等你放松下来，感觉你自己已经能掌控这一级别，就告诉我。呼吸，微笑——对，做得很好。"我说。

他做了几次深呼吸，眼角微弯，嘴角翘起。他正在尝试练习。

过了一会儿，他说："好了，我完全冷静下来了。"

他的心率恢复到静息心率水平。我以此作为各阶段"成功"的基准。

系统脱敏机制是将最低恐惧级别的刺激与心理放松技巧多次配对，直到恐惧反应减弱。这一过程基于"相互抑制"原则，即你无法同时感到焦虑和放松。用适应性反应替代不良反应，通过刻意诱导放松状态来抑制焦虑的条件反射。

他逐渐利用想象力掌握应对每一级恐惧的心理技巧,这在技术上称作体外训练。接着,我们为他制订了计划,让他在现实生活中去运用完全相同的步骤、技能和条件,即体内训练。在这一阶段,他会直接面对真实的恐惧情况,并通过亲身体验减少恐惧和焦虑。体内训练的目的是在安全的前提下,逐步将个体暴露于恐惧之中,使个体逐渐对恐惧诱发因素脱敏。这种暴露疗法有助于个体克服恐惧,发展应对机制,让他们在面对引发焦虑的情况时,重新获得控制感和自信心。

　　最终,他成功完成了体内训练。一般来说,优秀运动员善于挑战自我,他们能意识到需要走出舒适区,去学习、去进步。他们通常更喜欢新环境,能适应挑战,愿意冒险,并乐于寻求新奇的体验。尽管带着恐惧,但他能发挥自己作为运动员的能量,积极面对体内训练的挑战。他理解这个训练体系,知道只要自己长时间坚持在非舒适区训练,尽管过程十分艰难,但最终可以建立起新的心理模型。他做到了。暴露疗法让他对长期压抑他的恐惧成功脱敏。他终于消除了恐惧心理。

　　他简直不敢相信。他正视自己的恐惧,勇敢面对,并且找回了自己对棒球的热爱。几天后,他出现在首发阵容中。当解说员喊到他的名字时,摄像头锁定了他从休息区进入赛场的画面。曾经,这一小段路于他而言是充满恐惧的"漫漫长路",而那天,他轻快地慢跑上场,脸上挂着灿烂的笑容。他就像一个 10 岁的孩子参加少年棒球联盟比赛一样，轻轻松松，自由自在，他甚至向观众脱帽致敬。

他战胜了几乎毁掉他事业的社交焦虑，得到了解脱和自由。

> **每日小练习**
>
> 几十年前，就有研究者开始测评我们对他人评价的恐惧。1969 年，罗纳德·弗兰德和大卫·沃森发明了负面评价恐惧量表（FNE），其通过包括 30 个题目的自评问卷评估社交焦虑的程度。[13]
>
> 我们设计了评估方案，用于衡量对他人意见的恐惧程度。与一般社交焦虑不同，FOPO 是一种临床前障碍症。此评估不能作为社交焦虑障碍（SAD）或其他心理障碍的专业筛查。如果你担心自己有社交焦虑障碍症状，且对日常生活造成了影响，请咨询专业医生或心理健康专家，检查你的情况是否符合社交焦虑障碍的诊断标准。

4

FOPO 的滋生地：身份认知

世界问你是谁，你若不知，世界会告诉你答案。

——卡尔·荣格

1997年NBA（美国职业篮球联赛）总决赛第一场，第四节，最后9.2秒。

　　联盟MVP（最有价值球员）球星卡尔·马龙获得两个罚球，他走上了罚球线。他所在的犹他爵士队是西部最好的球队。他们的对手是拥有迈克尔·乔丹的芝加哥公牛队。如果这场比赛公牛队获胜，它将成功卫冕，并收获7个赛季以来的第5个冠军，创造体育史上最伟大的王朝之一。

　　比分：82比82。

　　比赛结果掌握在马龙手中。他是NBA名人堂巨星，曾11次入选全明星球员。他手握史上罚球得分最高的纪录，职业生涯罚球得分率高达74%。两个罚球只要命中一个，爵士队就会领先。除非迈克尔·乔丹能在最后几秒施展惊天魔法，否则，马龙就将带领爵士队取得胜利，在对方主场击败不可战胜的公牛队。

那是无数球员从小梦想的时刻。NBA总决赛,聚光灯下,万众瞩目。多年的辛苦训练,坚持与牺牲,汗水与泪水,都是为了这一刻——赢得冠军!

观众沸腾了。"当卡尔走向罚球线时,整个体育馆声浪震耳欲聋,"《沙漠新闻》前体育专栏作家布拉德·洛克回忆道,"我耳鸣了好几天。"[1] 球迷们站起来大声尖叫,用力挥舞着手中的白色泡沫棒。但马龙是顶尖高手,他被称为"邮差",因为他总是发挥稳定,投篮命中率高,如邮差般投递准确,值得信赖。

当马龙站上罚球点时,公牛队大前锋斯科特·皮蓬经过他身旁走向防守位置。皮蓬跟这位将以NBA历史第二得分手身份退役的顶级球星说了一句话:"马龙,邮差周日不投递。"

这句挑衅犀利又巧妙,堪称完美。

马龙开始罚球,他的动作一如往常,拍球,低头,在空中转球两次,蹲下身子,前后摇晃,念着妻子和女儿的名字,最后,投篮。

哐当!

球没进。

82比82。

观众陷入疯狂。马龙离开罚球线,试图振作起来,但他的脸色显示他因沮丧和失望而感到痛苦。

他重新走到罚球线。观众的喧闹声淹没了NBC（美国全国广播公司）实况转播播音员马夫·艾伯特的声音。马龙开始第二个罚球，拍球、旋转、蹲下、摇晃……投篮！

球没进。

82比82。

难以置信！马龙，史上最伟大的球员之一，竟在关键时刻两罚不中。

赛场情势急转，片刻暂停后，在最后9秒中，迈克尔·乔丹接球，突破了爵士队小前锋布莱恩·拉塞尔，投中致命两分，绝杀比赛。

余下的故事已成为历史。公牛队在后面5场比赛中赢得了胜利，拿下总冠军，而斯科特·皮蓬的这次挑衅也写入NBA传奇史。

是不是皮蓬的那句话导致马龙罚球不中，没人能说清楚。也许和丹尼斯·罗德曼的对抗让马龙筋疲力尽，也许是投篮时受到压力和噪声的影响，也许是他在西部决赛中手部受伤影响了投篮状态，或者也许没有原因，不过是单纯地投失了两个球而已。

我们永远不会知道答案，因为马龙遵循了战士的准则：从不找借口。

但这个故事深深吸引着 NBA 球迷。马龙是一名优秀的篮球运动员,当时他正处于职业生涯顶峰,能力出类拔萃,可他没能在最大的舞台上,在最关键的时刻发挥出自己的实力。故事充满了戏剧性:卡尔·马龙,这位身高超过 2 米的巨人,心理平衡被"邮差周日不投递"短短 7 个字打破了。

相比 NBA 总决赛,我们大多数人的工作环境不会那么人声鼎沸、紧张刺激,但我们也都曾被父母、老师、老板或同事影响,他们的话语刺穿了我们的情感盔甲,让我们的脆弱暴露无遗。

这引出了一个问题:为什么我们这么容易受他人针对性意见的影响?情感盔甲之后究竟隐藏着什么?

什么是身份认知

正如我们在俱乐部职业球员身上看到的那样,身份认知是 FOPO 最肥沃的滋生地之一。我们的身份认知取决于自我身份如何构成。面对他人意见的攻击,身份认知可能会导致我们紧张脆弱、不堪一击。在以下 3 种不良的身份认知情况下,他人意见如同刀剑一样攻击我们,威胁我们的生存:(1)自我认知与真实的自己不符;(2)自我认知过于狭隘,无法接纳自己的全部;(3)自我认知过于封闭,无法吸收新信息,接纳自我成长与改变。

作为邮差的我，如果不再投递邮件会怎样？而我又将是谁呢？

身份认知是我们对自我的主观认知，它建立在个人的经历、信仰、价值观、记忆与文化之上。它是一组不与任何人共享的生理和心理特征。我们通常在与他人的关系或跟他人的比较中获得身份认知，它为我们提供参照，让我们更好地理解自己在复杂社会中的位置。[2]

在与周遭世界的关系中定义自己，从而给他人留下清晰的印象，这是我们的本能。我们构建身份，是因为它能帮助我们更好地理解自己在复杂社会中的位置，减少我们的主观不确定性。[3]当迷茫无措时，身份认知是支撑我们的最后一股力量，但这种力量来自对"这就是我"的确定性。如果我们并不真正理解自己，或对自己的认知完全来自外界，那就会为错误的身份认知付出高昂的代价。

身份认知的来源

身份认知来源于多方面因素：种族、性别、性取向、人际关系、家庭、工作、兴趣、国籍、信仰、宗教习俗和群体关系等，但它不由任何单一方面所决定，也不是简单地表现为单一的身份角色。牧师、老板、母亲、飞行员、作家、学生、运动员、企业家，这些明确的社会身份只代表我们在做什么，不能代表我们是谁。

正如《搏击俱乐部》中泰勒·德登所言:"你不是你的工作、你的银行存款、你开的车,你不是你的钱包,也不是你的穿着打扮。"[4] 你就是你。

我们经历人生,不断获得经验与知识,并将所获知识应用于生活中。在此过程里,身份认知也随着时间不断变化。在刘易斯·卡罗尔的经典小说《爱丽丝梦游仙境》中,年轻的主人公掉进兔子洞,进入了奇幻世界,遇见各种拟人化的角色。在经历了一连串身体变形之后,她遇到了一只毛毛虫。毛毛虫问她:"你是谁?"她回答:"我是……现在我不太清楚,明明今天早上起床我还知道自己是谁,但那之后我变来变去,变了好多次。"[5]

身份认知具有连续性,无论身体和心灵如何变化,一个人在 10 年前、10 天前和今天始终都是同一个人。[6] 以豪尔赫·马里奥·贝尔格里奥为例。他年轻时做过酒吧保安和门卫,还曾在布宜诺斯艾利斯的一个化学实验室里做过兼职技术员。如今,他定居罗马,是教众高达 13.45 亿人的组织领袖。2013 年,贝尔格里奥被枢机主教团选为天主教会的领袖,成为现任教皇方济各。他选择这个名字是为了纪念天主教方济各会创始人圣方济各。

贝尔格里奥的改变显而易见,他早已不再是几十年前那个阿根廷少年。那是什么让贝尔格里奥成为教皇方济各的呢?又是什么联结着过去、现在和未来的自己？使你成为"你"的本质属性是什么？

归根结底，身份认知是指人们如何回答那个终极问题："我是谁？"

传统社会中的身份认知

人类历史早期，身份问题并没有如此复杂。在很大程度上，当社会族群相对稳定时，个体身份可以直接分配指定。过去社会群体人数较少，人们长期生活在一个地方，部落成员互相认识，你知道谁是谁。当时，人们的名字反映着他们的身份。

1066年诺曼底征服后，姓氏在英格兰开始被广泛使用。随着人口增长，人们在谈论某人时需要更明确的信息，因此在名字中增加了姓氏。依据查理二世的人头税清单，到1381年，大多数英国家庭已经接受了继承姓氏的做法。[7]

曾有一个英国研究团队进行了一项为期6年的社会研究，追踪了2011年人口普查中超过100名英国人共有的各个姓氏的起源。大多数姓氏可归为四大类。最常见的一类姓氏代表居住地，描述人们所居住的地址。例如："昂德"意为"山下"，表示住在山脚下；"福特"意为"涉水"，表示住在河流渡口；"阿特沃特"意为"水边"，表示住在湖边。第二大类代表职业。例如：常见姓氏"史密斯"最初表示铁匠，"贝克"表示烘焙师,"阿彻"通常代表弓箭手。第三类姓氏来自父亲的名字,如"戴维森"表示"戴维"的儿子。第四类是由昵称衍生的英文姓氏。例如:"朗费罗"意为"高个子",代表吧台那头的大高个;"莉莉怀特"意为"雪白的百合",表示不太出门晒太阳、皮肤苍白的女孩;"梅里曼"意为"欢乐的人",一般"梅里曼"一家的性格都很好。

在当代社会,许多传统的社会身份来源已逐渐模糊。[8]全球化在一定程度上削弱了民族故事影响力和国家身份归属感。[9]社会流动性增强,人们不再停留于熟悉自己的社群中。越来越多的人不再追随特定的宗教团体。[10]

当传统身份不再能支持我们回答"我是谁?"这个问题时,我们需要在别处寻找答案。现代世界产生了新的自我认知形式。

由如何表现定义自我

我们的社会文化对表现成绩的关注近乎痴迷,对自己表现好坏的执着已经渗透到工作、学校、青少年体育运动甚至社交媒体之中。表现好坏会影响别人对我们的定义,但更重要的是,会影响我们对自己的定义。

企业管理正在发生范式转变,而绩效改革就处于这场转变的中心。过去,企业组织一般采用自上而下的管理模式,通过榨取员工生产力提高产能和效益。而现在许多企业采用新的绩效模式，旨在释放员工在工作中的潜力。推动这一改革的因素有很多，但其中最主要的原因是，面对快速变化、不可预测的商业环境，企业需要积极创新、快速应对、灵活机敏。组织领导面对的核心问题为："我们如何创造必要的内部和外部条件，让员工有最佳表现？"

科技广泛地应用于各种表现的量化。"无法衡量的东西就无法改进"，在这句格言的推动下，我们现在几乎为每件事都制定了量化指标。数字设备和各种应用程序用于衡量人类的基本表现——睡眠时间、热量消耗、时间管理、工作流程、生产力、参与度、幸福指数、印象评分、关注度、受喜爱程度、评论数、社交影响力、潜在触达人数、点击率、呼吸次数、呼吸频率等。

近年来，以成绩表现为核心驱动力，青少年体育产业不断扩大，并逐渐遵循职业体育模式。私人教练、残酷的训练和高强度的早期专业化已经成为常态。父母强迫孩子们尽早接受这一普遍却错误的认知，即一万个小时的刻意练习能带来伟大的成功，或至少能为他们获得大学奖学金铺平道路。[11]

对成绩的痴迷也表现在大众文化中。播客为你提供通往成功的路标，书籍向你揭示如何走向伟大、获取智慧、成为巨人，咨询公司承诺能"让员工和组织持续发挥最佳水平"，名人讲师在线上课程中分享他们的经历、心态和见解。各类十佳排行榜单向我们展示通往高水平表现的捷径和窍门，可实际上，真实的人生并无捷径可走。

我们的文化痴迷于赞美个人的卓越，崇拜专业技艺杰出的人。过去，我们需要一整套基本的生存技能，如狩猎采集、种植粮食、建造房屋、照顾家庭。但现在不一样了，技术进步打开了专业化的闸门，人们可以只专注于一件事，比如成为股市专家、网络红人或超级保姆。

由表现结果定义自我

基于表现的身份认知不是通过工作（职业身份）或工作单位（组织身份）来定义自己，而是通过与他人比较表现成绩来构建身份认知。表现决定身份，我们如何表现决定了我们是谁。我们通过与他人比较表现结果来认识自己，例如，在某方面我比大多数人做得好。我们对自我的认知是相对的。发育生物学家、南加利福尼亚大学副教授本·霍尔特伯格博士广泛研究了追求卓越背后的动机，他提出，基于表现的身份认知由3个因素定义：不稳定的自我价值、对失败的隐约恐惧和完美主义。

我们总认为只要自己表现成功，就会获得自我认可。如果我那本书出版了，如果我那笔交易做成了，如果我升职了，如果我完成了任务，如果我榜上有名，如果我今年蝉联销售代理第一名，如果我提名了奥斯卡金像奖，如果我赢了俱乐部比赛，如果我赢了温网（温布尔登网球锦标赛），如果我发的帖子火了，我们的自尊心与自己的表现及表现结果息息相关。实现目标也只能让我们暂时解脱，因为一个目标后面永远还有下一个。自尊沦为成绩的附属品，在一连串的"如果……就……"之间，我们对自我价值的追求陷入永无止境的死循环。

　　追求卓越和杰出表现十分重要。我们通过挑战困难、测试自己的极限来了解自己。然而，当证明自我价值成为追求卓越的核心动机时，错误和失败、意见和批评都将被视为威胁，而不是学习的机会。

　　当自我价值取决于表现结果时，我们很可能畏缩不前，不敢轻易尝试。如果我们是谁取决于我们做了什么，那么我们的行为将成为自己面临的最大威胁。我们会规避可能失败的情况，从而失去了检验自己、了解自我的自由。完美主义并非出于对卓越的积极追求，而是竭力避免他人的负面评价与身份认知偏差带来的羞耻感。[12] 我们渴望被接纳，渴望归属感，却认为只有当自己的表现达到或超过期望时，自己才会被接纳，才能获得归属感。

　　当身份认知过度依赖于表现结果时，人们会经常反思并不断推测他人的看法，却很少进行自我反省。这种反应近乎自动化，我们出于潜意识反应，自动对他人的看法进行迅速推测，甚至来不及考虑这些想法可能是自己恐惧和不安的产物。

　　霍尔特伯格博士指出，身份认知不仅仅在一个人的专业领域内起作用。"这种思维模式会转移到其他领域。"[13] 它体现在人际关系中,还会影响我们的工作和亲子关系。"如果不好好处理,它会贯穿你的一生,让你永远为其所困,始终认为自己的身份与价值取决于自己的表现。"

以表现作为身份认知基础的人,通常会依据客观标准尽力好好表现,但其自我认知始终由外部认可所支撑。他们的身份认知源于他人的赞扬和意见,这一模式可能在一定程度上会发挥作用,但不可持续。对表现的极度需求会撕裂幸福感、破坏人际关系、降低个人潜力。

如果基于表现的身份认知成为一个人自我认知的核心,那么当表现不佳或身份认知受挫甚至遭到摧毁时,他将丢失完整的自我。

基于表现的身份认知不同于自我效能。自我效能感是一种信念,是指相信自己有能力完成某项任务。[14] 基于表现的身份认知则是一种误解,使人认为完成任务后的结果决定了自己是谁。

与其他职业身份不同,基于表现的身份认知具有可转移性。这种身份可以跨公司甚至跨职业发挥作用,在我们频繁更换职业角色的时代,这一点十分具有吸引力。

基于表现的身份认知

我们的表现可以展示我们是谁,但不能定义我们是谁。用表现来定义自我，构建身份认知，无异于建塔于沙土，无结草之固。我们在生活中的表现起起伏伏，变化不定。将自我认知绑定于具体表现以及表现所带来的认可，是在为压力、焦虑和抑郁的滋生创造条件。

早闭型统合

令我深感不安的是，年轻人可能从小就锁定于一种基于表现的身份认知。这在心理学上称为早闭型统合，是指人们还未曾探索并思考所有选择，就过早地固化身份认知。12~18岁是身份认知形成的关键时期。在这一时期，我们开始思考自己是谁。我们尝试不同的音乐、结交新朋友、参与新活动、培养新爱好，我们探索各种关于自我的新想法。

但我看到，许多有天赋的年轻运动员、艺术家、学生都没有经历这一过程，他们过早地停止了自我探索，将自我认知绑定于能带来赞扬与认可的行为之上。一些运动员或明星年少成名，因事业、相貌或表现获得追捧，这可能让他们对自我价值产生困惑。"我是一名运动员"，这或许是看上去最为温和却从根本上限制年轻人成长的话语之一。成功的表现成了他们身份认知的基础。我们很容易理解有天赋的年轻人如何过早地形成封闭的身份认知。他们年纪尚轻，生活中大部分时间都投入了单一活动，日常谈话大都关于他们在训练、比赛、演出或学校里的表现如何。在青少年时期的迷茫困惑中,有一个固定身份看上去很不错,如果该身份还能带来掌声与关注,那就更棒了。我是运动员,我是舞者,我是小提琴家,我是优等生……

在播客节目《掌控之路》中,我曾与5块奥运会金牌得主米西·富兰克林谈起表现与身份认知问题。[15]2012年,年仅17岁的富兰克林首次参加奥运会就获得了4枚金牌和1枚铜牌。她的父母非常明智,一直尽力确保她身份认知的全面性。"我从来都不仅仅是游泳运动员富兰克林。我首先是他们的大女儿,是伙伴们的好朋友,然后才是游泳运动员富兰克林,学生富兰克林,无论什么富兰克林。他们让我知道,我对于世界的价值不仅仅体现在游泳池里。"

表现一旦下滑,沙上之塔便会崩塌。当聚光灯熄灭时,当喝彩声散去时,当别人走上领奖台时,过度依赖表现的身份认知问题将暴露无遗。尽管富兰克林在2016年里约奥运会上再度夺得金牌,但她的整体表现并没有达到上届奥运会上的水平。"那是我第一次经历真正的失败。那时,我才意识到自己将多少自我认知和自我价值倾注在游泳运动上。当荣誉不再时,我的世界将天翻地覆。"即便她的父母已经非常注意不去限制她的身份认知,富兰克林仍然说出了这样的话。哪怕你十分敏锐、理智,早闭型统合仍是难以避免的。

年少成功很容易让人陷入困惑,误解自己对于世界的价值。

自我保护

当我们将全部的个人价值投注于表现上时，自然会不遗余力地保护自己的形象。正如霍尔特伯格博士所指出的："基于表现的身份认知最严重的后果之一是它要求人们在面对认知与评价不对称时，在认知和行为上竭尽全力地维持自己的身份认知。"[16]

基于表现的身份认知容易引发无意识的自我破坏。我们会直接做好失败的准备，以避免受到打击。我们先为自己找好借口，以避免结果达不到期望时的失望。

例如，你花了好几天时间准备一场重要的演讲，但还有几个关键点没整理清楚。你没有选择尽全力完善最后的细节，并充满自信地走上讲台，反倒在会议前一晚跟朋友们出去玩儿。如果演讲不够成功，你便可将原因归于前一晚出去玩儿了。你告诉朋友们，也告诉你自己："我昨晚真不该出去玩儿，真是很大的失误。"你的潜台词暗示你本可以表现得很好，但你的选择影响了你的表现。虽然这次判断有误，但你的能力没有问题。你不会拼尽全力去测试自己的极限，把这次演讲当作发现自己的机会，看看自己是否真的有能力面对此次挑战，而是选择通过逃避来维护自己的身份认知。

我们还会采取其他策略，减轻对基于表现的身份认知的威胁。我们不信任意见的来源，对于批评我们的人，我们采用攻击或批评的方式贬低对方,降低其可信度。我们合理化自己的行为,选择性接受证据。我们反驳他人的意见,忽略与自己的信念有冲突的信息。这些反应的强度取决于该意见触及我们身份认知核心的程度。

随时间的推移,基于表现的身份认知不可持续。我们的大脑天生就能探测到环境中的威胁,却并不擅长区分威胁是针对物理自我(身体)还是社会自我(身份)。当自我价值与表现好坏绑定时,对表现的期待就会如灌木丛中的老虎一样,引发相同的交感神经系统反应。身体内部快速发生的一连串反应原是出于本能调动我们去应对危险环境,却在我们参加比赛或发表演讲时耗尽我们的精力。我们显然无法适应每天 10 小时处于躲避剑齿虎的高压之下,然而,当身份认知取决于表现时,我们便将自己置于如此境地。

基于自我意识的身份认知

唯一能对抗 FOPO 的坚固堡垒是强大的自我意识。知道自己是谁,不受他人意见所威胁。我们要建立的身份认知应取决于我们是谁,而不是我们做什么,在哪里做,跟谁一起,做得好不好。正如约瑟夫·坎贝尔所说:"人之一生,最难得的特权就是做自己。"[17]

要为强大的自我意识打下基础,首先要记住,别太专注于自我。克服 FOPO，首先要克服过度自我关注，这并不是要我们少考虑自己，而是不要总是只关注自己。FOPO 是以自我为中心的结果，我们的注意力都集中在自己身上。要平衡这一点，我们可以通过专注目标、投入学习来转移注意力。通过这些方法，我们能以一种全新的方式来感受自我，体验世界。

学习者心态

将探索学习融入自我意识，给自己成长和改变的内在空间，给自己犯错和承认自己不足的自由。人生的每一刻都是全新的，我们希望建立良好的心理框架，让我们有机会感受一个个时刻向我们展开，并发现其中的意义，这就是学习者心态。为了拥有学习者心态，我们需要放下"已知"，为"未知"腾出空间。一则禅宗寓言对此有很精妙的阐释。

  一名学生拜访一位高僧，求教禅宗。高僧讲话时，学生急于表现，不时打断说："我知道这个。"

  高僧提议一边饮茶一边讨论。

  茶沏好了，高僧将茶水倒进茶杯。茶杯装满后，他还继续斟茶，茶水溢出了杯子的边缘，洒在桌子上。

  学生见状，忍不住提醒："快停下！茶杯已经满了，倒不进去了。"

高僧放下茶壶，回答道："确实如此。等你的茶杯空了，再来见我吧。"

将自我意识与探索学习相关联，并非不敢肯定自己是谁，而是承认自己会随时间的发展而改变。每一个人都会随着时间改变，当我写下这段话时，我已经不是之前的我，等你读到这段话的结尾时，你也将不再是现在的你。这不是文字游戏，而是现实。我们在不断变化，现在我们是谁不代表最终我们会是谁，认识到这一点十分重要。哈佛大学心理学教授丹·吉尔伯特指出："人类是正在进行的作品，却误认为自己已经完成。"[18] 在人生旅程的每一个节点，我们都容易有此错觉，以为成长和改变已经结束，当时的自己就是往后余生的自己了，吉尔伯特把这种误解称为"历史终结错觉"。[19]

吉尔伯特和他的同事进行了一系列研究，调查了 19 000 名参与者，询问他们在过去 10 年有多少改变，以及他们认为自己在未来 10 年会有多少改变。无论处于哪个人生阶段，人们都表示，自己在过去 10 年的变化之大超出了自己 10 年前的想象。但他们都认为这种变化即将结束。无论是 18 岁还是 68 岁，受访者都相信自己在未来的成长变化会相对小很多，这是典型的历史终结错觉。

误认为自我成长已经结束，这一倾向对自我意识有很大影响。"这是我现在的样子，我是正在进行还未完成的作品"本质上完全不同于"这就是我，我就是这样"。后者会导致僵化、固定的身份认知，使我们更容易受到FOPO的影响。

当他人的观点挑战我们的身份认知时，我们可以学习接纳，而不是逃避。我们可以保持好奇心，好奇于各种观点的起源，坦然面对不同观点，并从中探寻真理；好奇于提出意见的人，探索如何吸收不同意见，并从中学习。好奇心并不总让人愉悦，但它是成长的标志。

过去20多年，我曾与世界级运动员、艺术家和行业领袖们一起工作。我发现，与一般人相比，他们待在非舒适区的时间明显更长。他们在困难中坚持不懈，而不会找借口逃避。

当别人的观点触动你的焦虑神经时，或在任何你感觉受到威胁的时刻，你都可以练习同样的技巧：微笑、呼吸、身体前倾。去探索，去挑战。不要试图逃避紧张焦虑，花一点儿时间，去感受你所处的环境，去体验不同的风景。坚持一段时间，别人的反馈无论正确与否，都将成为你认识自己的机会。这种拥抱压力的生活方式有助于培养不可思议的内在能力，并且随着时间推移，这些紧张和压力会增强我们的心理素质，让我们在任何环境、任何情况下都能从容自在。

关于压力和紧张如何增强力量，大自然为我们提供了鲜活的例子。

1991 年，为研究生态可持续性，8 名参与者进入"生物圈 2 号"——一个未来主义的密闭微型地球模型，面积约 12 000 平方米。"生物圈 2 号"位于亚利桑那州，是马特·达蒙主演的电影《火星救援》中那套封闭系统的现实前身。该项目从规划到建设耗时长达 7 年。微型地球里的自然环境包括热带雨林、热带草原、沙漠、长满红树林的湿地，以及约 7.6 米深、45.7 米长的海洋，而且海洋里生长着珊瑚礁。

"生物圈 2 号"面临许多挑战，其中一个令人费解的谜团是树木的倒塌。树木在"生物圈 2 号"的密闭空间内生长速度更快，但它们在长到最大高度之前就纷纷倒下。科学家一直不理解其中原因，直到他们发现"生物圈 2 号"的设计里没有考虑到风这一自然元素。树木需要风来加强它们的根系。风摇动树干，对根的薄弱部位施加压力，使它们分裂并向深处生长。这就是为什么种树时只需给予一定支撑让树能直立即可，树的顶部在风中摇晃会让树生长出强壮的树干和根系。

个人目标高于他人认可

我们从小就习惯于寻求认可，这一习惯一直持续到成年，表现为不断寻求上司、配偶、朋友和同事的认可。随着时间推移，我们建立起一种内在机制，即依据外部反馈检查自己是否一切正常。但是，我们并不是只能受限于该反射系统。我们还有另一个选择：目标。

目标是一种信念，那就是相信自己活着的意义。目标是一种由内在驱动的广义的目的，不仅对自己意义深远，还会影响自己以外的世界。简言之，你的目标对你非常重要，它具有巨大的内在价值。目标决定未来的方向。

我们与其向外检查别人是否认可自己，不如重新调整反应机制，转向内在，以目标为检测标准。不再纠结"我是否被人认可"，而将"我是否忠于自己的目标"作为新的参考点。

我们可以检查自己的思想言行是否符合自己的目标。以个人的目标，而非他人的认可，作为筛选标准，指引我们做决定、确定优先级和做出选择。

表面上看，无论体育竞技还是商业竞争，目的都是赢。但能在长时间内持续获胜的个人或组织，其驱动力往往不只是奖牌或股价。目标或许不是卓越表现的先决条件，但当生活中有明确的目标时，我们面对挑战时会更加坚韧。

当某件事对我们至关重要时，我们可以为之不顾一切。为了爱情、理想、想要的生活，我们可以不顾形象，也不在乎别人的看法，只专注于自己当下所做的事。

正如本·霍尔特伯格所描述的那样，目标是一种强大的动力，它围绕我们最重视的事物构建我们的身份认知。来自佛罗里达州立大学的篮球教练伦纳德·汉密尔顿在给传奇播音员吉姆·南茨的信中，谈到了将目标嵌入个人身份认知是什么感受。

> 我每一天都很开心。作为一名教练，我在乎的不仅是比赛的输赢。我希望看到我的队员成为好父亲、好丈夫，看到他们成为家庭支柱，那是一种破纪录般的胜利。他们打电话告诉我他们要结婚了，邀请我参加他们的婚礼，让我做他们第一个孩子的教父，这些都是我在乎的胜利。[20]

基于目标的身份认知让人拥有内驱力。有了目标，人的动力将来自所做之事的意义和自己可以发挥的潜力，而不是他人的评价。

两种认知模式的动力完全不同，一种可持续，另一种则会令你精疲力竭。

每日小练习

此练习可以在任何情况下进行，你只需依据自己的核心价值衡量该情况，将身份认知与他人认可剥离。核心价值是支配我们行为的基本信念和指导原则。

写下5点核心价值，注意在你的身份认知受到威胁的情况下，它们是否仍然坚定。例如，假设你的核心价值之一是创造性表达。你的公司即将举行一场正式活动，但你想穿一件夸张的紫色西装，而且你知道人们会有何反应。你开始思考——"同事们一定会认为我的穿着不合时宜，或是故意寻求关注"。

停下来！告诉自己："等等，我的核心价值不是创造性表达吗？我为什么在意他人的想法？"保持警惕，看看FOPO（"他们会怎么想我？"）跟你的核心价值有什么关系，你才能做出明智的决定。或许你会决定："好吧，创造性表达是我的核心原则，但公司活动不是我表达的合适的时机。"或许你会将谨慎抛之脑后，大胆地穿上紫色西装。

如果你清楚自己的核心价值，那么在每一次感到他人的看法对你构成威胁时，你都可以通过这种机制进行处理。这种方法能帮你走出重复且令人焦灼的FOPO循环，停止思考"他们会怎么想"，代之以冷静、理智的反应，让你专注于自己的原则。明确核心价值能让你不再焦虑，不再害怕他人对你身份认知的反馈，转而将注意力放在体验过程上，让你有力量做出理智的选择。

5 / 自我价值判断对 FOPO 的影响

认可自我,方能自在。

——马克·吐温

2017年8月，希拉里·艾伦即将取得神经科学博士学位，她还在高空跑步中排名世界第一。高空跑步是高山跑步的一种，注重海拔高度和技术细节。如果说越野跑是绕着山跑步，那高空跑则是上下山，相当于在山上跑一场超级马拉松。

艾伦在教完大学理科课程后的暑假期间，去欧洲参加了为期3个月的比赛。在《掌控之路》播客中，她谈到了那个夏季的最后一场比赛。比赛在位于北极圈内的挪威特罗姆瑟市进行，她跑过山脊时，发现一名摄影师正在等她，准备抓拍她在技术赛段转弯的照片。摄影师给艾伦的昵称是"笑笑"，因为她总是面带微笑，甚至连受伤时都保持笑容。艾伦跟他打招呼："嗨，伊恩。"摄影师回答道："在这个转弯给我一个大大的笑容。"那是她出事前记忆中的最后一刻。

她踩到了一块松动的岩石，瞬间从悬崖边上滑落。地平线上下颠倒，她在空中挣扎着下坠。她听到自己的声音告诉她要深呼吸，她就要死了，要保持冷静，一切很快就会结束了。艾伦从150英尺高的地方摔了下来，身体多次碰撞山体，最后落在一块光秃秃的岩石上。她全身14根骨头折断了，包括双脚、手腕、背部L-4和L-5椎骨，以及5根肋骨。

一名选手看见她摔下山，冒着生命危险爬下来救她。当时她满身伤口，浑身是血。那位选手都认定她已经死了，还以为自己在抢救一具尸体。艾伦胸口起伏，逐渐恢复了意识。她对她的救命恩人说的第一句话是："我会好吗？"

当时情况危急，艾伦的反应完全正常。但这也体现出我们习惯性地寻求他人的意见，以衡量自己的情况。

在生活中潜藏着不确定性的各个领域，我们都渴望确定自己是否安好。在产房、会议室、卧室、教室等任何地方，只要我们感到害怕、不安和困惑，我们要么向自己的内心找寻答案，要么从外界权威和他人意见中寻求答案。"我还好吗？"我们是向内还是向外去寻求答案，甚至我们是否会提出这个问题，这一切取决于一件事：自我价值。

自我价值

自我价值是我们作为一个人的价值感，它描述了我们对自身价值的核心信念。自我价值是一种内在量度，关乎我们如何看待自己，我们认为自己是谁。我们从何获得又如何看待自己的自我价值，这极大地影响了我们对FOPO的易感性。对于需要成为哪种人或者做成哪些事才能拥有价值，人们的想法各不相同。

威廉·詹姆斯被称为美国心理学之父，他曾写道："在这个世界上，我们的自我意识取决于自己想成为什么样的人、做什么样的事，取决于我们实现假定可能性的概率……一个人要追求最真实、最强大、最深刻的自己，就必须好好审视自己的种种可能性，选出最值得的一种，压上自己的一切。"[1]詹姆斯认为自尊基于两个因素：我们的成就和我们的目标。他用一个简单的数学公式阐释了这一想法。

$$自尊 = \frac{成功（成就）}{预期（目标）}$$

根据詹姆斯的说法，我们有两种方法可以提升自尊：增大公式中的分子，获得更多成就；或减小公式中的分母，调整预期，降低目标，在自己重视的领域选择更适度、更容易实现的目标。

在詹姆斯之后，詹妮弗·克罗克和康妮·沃尔夫提出了

"自我价值的权变性"这一概念，用于描述我们建立个人价值和价值观的领域问题。[2] 该理论主张，自我价值是对自我的一种判断，而判断必然基于一定的标准。人们根据自己的目标，选择不同领域来体现自我价值。在一项纵向研究中，克罗克和沃尔夫对642名大学新生进行了调查，确定了对大学生自我价值影响最大的7个领域。其中5个领域是外在的，包括：外貌，即个人在他人眼中的吸引力；学术能力，即实现个人学业目标的能力；竞争力，即胜过他人的能力；他人的认可，即他人如何评价自己；家庭支持，指自己符合家庭的期望。两个领域是内在的：上帝之爱，即神的爱与接纳；道德，即个人内在的道德标准。

我们对自我价值的判断取决于自己在这些领域的结果。一个人的自我价值可能取决于其学术能力，而另一个人的自我价值可能来自信仰（上帝的爱与接纳），或取决于他在别人眼中的吸引力。我们将自我价值锚定于某个领域，在该领域中的成功或失败会决定整体的自我价值感。成功不仅意味着达成目标，也能证明个人价值。

我们的自我价值与特定领域相关联，我们只在这些领域对自己做出判断。正因如此，面对相同的经历，两个人的反应可能完全不同。一场数学考试失利，对以学术成绩为价值基础的人而言，可能是毁灭性的打击，但对不以学术成绩为自我价值基础的人来说，不过是小事一桩，不值一提。

在这项研究中，克罗克在学生们上大学之前对他们的自我价值基础进行了首次调查，并在第一学年即将结束时进行了第二次调查。[3]受访学生中，选择学术能力的占比超过80%，选择家庭支持的占比77%，选择竞争力的占比66%，选择外貌的占比65%。

这项研究揭示了学生们寻求外在价值认可的代价。数据显示，将自我价值建立在学习成绩、外貌和他人认可等外在因素上，会对身心健康产生负面影响。自我价值依赖于外部认可的不稳定性导致压力加重、愤怒情绪增多、人际关系障碍以及学习成绩下降。这类学生出现更多饮食失调症状，也更容易沾染毒品和酒精。相比之下，那些将自我价值建立在宗教信仰（上帝之爱）和道德这种内在因素上的学生，一般在学校表现更好，他们压力更小，吸毒、酗酒和饮食失调的倾向也更小。

将自我价值外化可以产生短期的益处，比如在成功时会获得情感满足，感到身心愉悦。我们的下丘脑会分泌多巴胺，它是让我们感觉良好的神经递质。我们的自尊感得到提升，让我们获得安全感和优越感。[4]但对外部验证和社会认可的依赖存在阴暗面，终究会随着时间推移显露出严重的弊端。

依赖型自我价值的代价

心理学界广泛接受心理学家理查德·瑞安和爱德华·德西提出的自我决定理论（SDT），该理论标志着我们对人类动机的理解发生了根本性转变，颠覆了人类主要受外部奖励驱动的主流信念。自我决定理论认为，人类由三大内在需求驱动，必须满足这些内在需求，才能达到最佳状态，真正感到幸福。第一是能力需求，即人需要感到自己有能力达到外部环境的要求。第二是关系需求，即人需要有归属感，能感到与他人互相需要，彼此信赖。第三是自主需求，即拥有基于个人喜好、信仰和价值观做出选择的自由。这里的自主并不等同于独立，而是表示拥有意志力和控制力。它意味着人们为了获得内在的满足感而选择去做某件事。人们出于兴趣和热爱选择去做一件事，通常会更积极投入，充满创造力，也能更好地面对挑战，解决问题。

向外寻求自我价值有损于这些人类的基本需求。努力维护依赖型自我价值，会损害我们建立牢固关系的能力。当你的价值取决于在某一特定领域的成功或失败时，你的主要动力往往会变成不断证明自己，向自己和他人证明自己符合条件，具备相应价值。如克罗克所言：

自我价值如果建立于才智或能力之上，你则时常需要证明自己比他人更为聪明、更有能力；自我价值如果建立于为人善良之上，则暗含他人不够善良之意。如果你比我更聪明、更优秀，我又如何说服自己和他人相信我是足够聪明、优秀的人呢？因此，在寻求自尊的过程中，我们不仅需要有能力、为人正直、善良优秀，我们还需要比其他人更加能力突出、正直善良，比他人"更好"。[5]

透过他人的眼睛看自己，不停地猜测"他们是怎么看我的""我表现得怎么样"，这让我们无法看到他人的需求，更无法在交流中做出合理的反应。[6]我们失去了向外建立联系的能力，转而向内启动防御或攻击。多项研究表明，当自我价值受到威胁时，我们的反应是责备他人，退缩自闭，找借口，表达愤怒或攻击，从而进一步破坏人际关系。[7]

当自我价值受到挑战时，为了保护自己，我们本能地倾向于忽视或淡化有威胁的反馈。在此过程中，我们失去了获取有效信息的能力，错过了可能有助于我们成长与改进的选择和反馈信息。我们不是积极地为实现目标而努力，而是专注于避免不利结果。

也许最重要的是，基于外在条件的自我价值让我们以牺牲自我为代价，强化了他人对我们的看法，并削弱了人类对自主的基本需求。我们耗费大量能量向外寻求认可，我们更容易被他人的行为、想法和感受控制。我们放弃了自我肯定的能力，不敢做出决定和承诺，只因为我们不曾聆听自己内在的声音，而是向外寻求答案。我们将自我意识外包给他人，允许他人决定我们对自己的感觉。我们赋予他人意见控制我们的权力，其程度取决于环境、情况及我们锚定自我价值的领域。

当个人价值取决于相关领域的结果时，我们就选择了一种焦虑、紧张的生活。像部落时代的祖先一样，我们始终生活在威胁之下，随时害怕受到攻击，不过我们保护的不是自己的人身安全，而是自我价值。

我们用情境感知扫描所处环境，就像马特·达蒙在《谍影重重》系列电影中饰演的角色杰森·伯恩一样。我们为自己找好退路，密切观察他人，注意所有非语言线索，只为能够预测他人的行动和反应。有时，我们会在他人表达意见之前先发制人。例如，我们要在会议上分享一个创造性想法，却预先自我否定，以减轻万一不被他人接受的打击。我们会说："这可能是个坏主意，但如果……"当感到他人意见入侵自我价值领域时，我们常常会扭曲退缩。例如，当老板没有立刻赞同我们的提议时，我们会迅速放弃自己的观点，甚至热情地支持自己不喜欢的想法。

我们的应激反应始终处于高度警戒状态，而且很少关闭。神经系统无法区分威胁是来自挥舞长矛的敌人，还是给予我们逆耳忠言的上司。神经心理学家里克·汉森指出："你在野外会看到，自然中大多数紧张情况都能以某种方式迅速得到解决。按自然的生物进化蓝图，压力爆发后有很长一段时间的恢复期。"[8]而在社会生活中，我们不断承受真实或误判的威胁，因此保护自我价值领域会让我们长期处于压力之下。

由于自我价值外化，我们发现自己在追求自我的过程中陷入了永无止境的死循环。当靠成就带来自我价值而不是靠自我价值实现成就时，我们就会陷入困境。在这一困境中，我们的自我价值由成功和成就维系，并不断受到障碍、失败和他人意见的威胁。

自我价值外化的原因

有时，我们被教导，为了赢得他人的爱和认可，我们必须满足一定条件，并基于自己是否满足条件来评判自我价值。我们来到这个世界，完全依赖于照顾我们的人。刚出生的小长颈鹿高6英尺，出生一个小时内就能站起来奔跑，而人类婴儿在出生前两个月还无法自己抬起头。十几年后，人类才拥有独立生存的能力。在生命的早期，小孩会模仿照顾者，观察什么行为会让照顾者开心，什么行为会得到嘉奖，什么行为不会得到嘉奖。[9]我们睁大双眼，看着照顾我们的大人，想知道为了获得照顾，我们应该做什么，又有什么不能做。我们从小就知道他人的反应会直接影响我们的幸福。

照顾者有条件的关心是与孩子的一种沟通方式，它会极大地影响孩子的自我价值。当孩子表现出积极行为或品质时，成年人会给予其爱和关怀。如果孩子表现得成功，并达到了既定条件，大人会大加赞扬；相反，如果孩子表现得不符合期望，就无法获得大人的爱。这种情感拉扯会引起孩子的焦虑，他们会改变自己的行为，去获取爱的回报，以减少焦虑。[10]

孩子会从父母处得知，他们的价值和受喜爱程度取决于他们的行为表现。其潜台词是，他们本身的样子对父母而言还不够好，还需要一些别的东西支撑他们的价值。[11]孩子常常会内化这种想法，并开始相信，对任何人甚至对自己而言，他们都不够好。[12]

更广泛的社会文化强化了有条件的自我价值认知。竞争激烈的学术世界让学生相信，评级和标准化考试成绩是衡量他们价值的标准。广告商寻找消费者的痛点，制造不存在的需求，并向他们出售他们本不需要的产品。[13]社交媒体用精修细选、理想化的图像来推动社会比较，并通过关注、点赞、分享和评论来衡量我们的价值。

我们在他人的意见、评判和看法中长大。在此过程中，或许有人教导我们要批判性地思考，有自己的判断力，但从小形成的习惯是难以打破的。

我们从环境中吸收、解读信息，从中推断什么行为能被社会接受。随着时间推移，这一行为模式会影响我们与朋友、老师、合作伙伴和领导间的关系。

内在价值取决于什么

英国传奇广告人罗里·萨瑟兰说过："工程师、医生、科学家都执着于解决现实中的问题，而实际上，一旦你的社会财富达到基本水平，大多数问题都是感知问题。"他提出，广告通过改变人们的感知而不是改进产品来增加价值，并且感知价值和实际价值一样能带来利润。[14]从本质上讲，我们可以通过讲故事来改变人们对事物的感知，从而改变他们的行为。他一直谈论的感知问题很可能就是条件型自我价值问题。

你也许会把解决方案复杂化，会谈论需要做出多少改变，才能从高耗能、不稳定、受限制的条件型自我价值的监狱中解脱。你可以通过回溯治疗，更好地理解自己年幼时如何从大人那里获得有关条件型自我价值的暗示。你可以回顾成长过程中所遭受的情感或身体痛苦，并试图从中寻找根源，实际上这并不复杂。

你只需要认识到，你是你，你值得。无论是满分还是不及格，你的成绩不能代表你。你不是你的工作、你的年龄、你的马拉松成绩，也不是你的组织地位、关系状况、银行存款或监狱栅栏。你的内在价值并不取决于你正在做或曾经做过什么，亦不取决于你有多善良或犯过多少错误。作为一个人，你的优秀和失败都无法定义你的价值。你的价值来自你本身，而不是你的行为。

每日小练习

培养一种意识，注意自我价值锚定于外部何处，自我意识外化到哪里了。想想你需要在哪些领域达到标准才会觉得自己有价值。影响你自我价值判断的领域可能不止一个，而是分散于几处。在理想情况下，自我价值不受外部条件影响。试着探索以下领域（见表 5-1），以更好地了解自己的价值取向。

表 5-1 影响自我价值判断的领域

社会认可	我的自我价值取决于我是否被他人接受、欣赏和认可
工作环境	我的自我价值取决于我的工作表现
经济收入	我的自我价值取决于我对财富的认知
学术表现	我的自我价值取决于学业成绩
外貌	我的自我价值取决于我是否符合社会审美标准
社会比较	我的自我价值来源于自己在某一领域比别人做得"更好"
道德水平	我的自我价值来源于做一个有道德的人
养育子女	我的自我价值来源于子女的成就和幸福

(续表)

权力	我的自我价值取决于权力感
信仰	我的自我价值来源于上帝的爱
家庭认可	我的自我价值取决于是否达到家人的期望

了解你从哪个方面寻求自我价值,能帮助你更好地理解自己的行为动机和应激反应原因,让你更深入地认识到自己心理脆弱的地方。

6 / FOPO 的神经生物学原理

> 我只知道一种自由,那就是思想的自由。
>
> ——安东尼·德·圣-埃克苏佩里

与自己的思想独处

"我一点儿自己的时间都没有。"在当今以忙碌为荣的社会文化中,我们时常听见这句抱怨,抑或是自夸。这既表达了自己的辛苦,也肯定了自己的社会价值。这句话一边暗示自己是稀缺的理想的人力资源,一边又表达了如果有自己的时间,我们会生活得更好。

有更多自己的时间听上去很不错,但是,正如弗吉尼亚大学心理学教授蒂莫西·威尔逊和他的同事所发现的那样,许多人讨厌与自己的思想独处,甚至会竭尽全力避免独自思考。[1]

威尔逊的研究小组要求大学生单独待在一个没有任何装饰和娱乐的房间里,大家只能独自思考,自娱自乐。唯一的要求是他们需要一直坐在椅子上并保持清醒。随后,参与者回答了相关问题,包括他们是否喜欢这一经历,是否感到难以集中注意力。

过去有很多研究关注人们注意力分散的问题。人们在试图完成阅读等任务时，会不自觉地走神。在这种情况下，人们更希望自己能专注于任务。而当房间里没有任何东西吸引人的注意力时，大家或许会猜测，威尔逊的研究中的参与者能专注于自己的思想，沉浸于积极有趣的想法中，但事实并非如此。

研究人员进一步测试了人们对独自思考的抗拒程度，他们让学生再次独自待在空房间里体验独自思考的乐趣。这一次，参与者面前放着一个按钮，这个按钮会带来不舒服的电击感。（所有参与者在此前都感受过这种电击，并表示愿意花钱避免被电。）显然，比起独自思考，他们宁愿做点儿什么，但他们是否会即使选择让自己难受的体验也不愿什么都不做吗？

结果表明，很多人会这样选择。25%的女性参与者选择用电击打断自己的思考时间，而男性选择电击的比例更是高达67%。有些人甚至不止一次按下按钮，其中有一个人按了490次！想象一下那个人的脑子里在想什么。

我们为什么如此厌恶与自己的思想独处呢？

忙碌的大脑

答案可能藏在DMN中。DMN可不是什么20世纪80年代的电子乐队。[2]DMN，默认模式网络，是大脑交互反应区的高度复杂网络,也是自我意识的神经基础。DMN 恶名在外,它是痛苦的所在,也是 FOPO 的来源。

过去 60 年里,科学家通过精密成像技术绘制了神经网络,在解开大脑之谜方面取得了巨大突破。用圣路易斯华盛顿大学神经学家马库斯·赖希勒的话来说:"显微镜和望远镜为科学发现开辟了意想不到的广阔领域。运用可视化技术观察人类思考时的大脑系统,也为人类认知研究领域带来了类似的机遇。"[3] 观察大脑不再需要外科医生的手术刀,无创功能性磁共振成像(fMRI)技术使科学家能够在保证人们安全的条件下搜集有关大脑工作情况的信息。

许多年来,科学家专注于追踪人们在专心做一件事时大脑的变化。几乎没人在意人们没做事时大脑内部发生了什么。20 世纪 90 年代,赖希勒改变了这一研究范式。

按脑神经研究的标准流程,赖希勒团队让参与者做了一些简单的任务,比如大声朗读单词、识别图片颜色或回忆单词表。研究人员使用正电子发射断层扫描(PET)的成像技术,观察了参与者大脑活动时的血液流向。[4] 他们试图找到不同任务状态下大脑活动的变化。

为了测量该变化,科学家需要先记录参与者在没有任务导向时的大脑活动。比如在赖希勒的实验室中,研究人员通常要求参与者看着空白屏幕放松休息,以此时的大脑活动情况作为用于对比的静息基准线。一天，赖希勒发现，当受试者专注于高要求的任务时，他们大脑的某些区域的活动竟然减弱了。更令人惊讶的是，当任务完成时，这些区域的活动又明显增加了。在没有特定的外部任务的情况下，大脑似乎会恢复到默认的静息活动水平。而在大脑应该处于休息状态时，这些区域的脑神经相当活跃。赖希勒感到不可思议，他当时并不理解其中缘由，但他在他们的所有实验中都跟踪了这一现象。

从积累的数据中，赖希勒意外地发现了 DMN。这是一个相互关联的大脑结构群，并且以前从未被发现过。但 DMN 的矛盾之处在于，当我们不从事任何外部任务时，它反而更加活跃。[5]

在赖希勒的发现之前，我们普遍认为大脑的主要功能是解决任务，如果不参与任何任务，大脑就会放松休息。[6] 但我们没想到，无论是专注地解决任务，还是休息时，大脑都一样忙碌。

这一发现在一定程度上解释了为什么大脑在"休息"和执行复杂的脑力任务时消耗的能量几乎一样多，以及为什么一个普通的成年人的大脑重量只占体重的 2%，消耗的能量却占身体总耗能的 20%。[7] 原来大脑从不真正停下来休息。

控制漫游的思维

如果大脑总是处于活动状态，那么当它没有明确地专注于任务目标时,它在做什么呢?简单来说,它会陷入一种类似于走神的神经活动模式。DMN 有很多用途,但如果没有其他事情可做,大脑通常会进入默认状态,思考它最喜欢的主题——它的主人。

现在我们对 DMN 的了解还不够清晰,但普遍观点认为,它是自我指涉心理活动的中心,它会让我们陷入无效、重复、消极的思考中,让我们挖掘记忆,担忧未来,评判自我和他人,质疑他人意图,琢磨并恐惧他人对自己的看法。

哈佛大学社会心理学教授丹·吉尔伯特和马修·克林斯沃斯的一项研究发现,对大多数人而言,走神并不是一种快乐的心理体验。[8] 他们开发了一款 iPhone 应用程序,并通过程序在一天中任意时间联系了来自 83 个国家超过 5 000 名参与者,让他们回答"除了手头正在做的事情,有没有想别的",以及当时是否感到愉快。

研究发现,我们在清醒时有 47% 的时间处于走神状态。也就是说,我们几乎一半的时间都没有专注于自己正在做的事,而是在想别的事情。在创造性探索中,走神有可能促使人发挥想象力,带来积极的效果。但当那些不自觉浮现的想法让我们感到不满和不快乐时,就会造成情绪负担,特别是当我们纠结于他人对我们的看法时。

各种奇思妙想都诞生于无拘无束、自由流动、漫无目的的思维，但我们在思维不漫游时感觉更好。怎样才能协调认知以取得平衡呢？我们需要控制。我们真正的力量在于拥有心理技能，并且有能力选择把自己的注意力放在哪里。我们要掌握选择权，即自己决定是否要反复思考伴侣、同事、同学、教练、朋友或宿敌对自己的看法。

我们不必时刻忧心他人对我们的看法，不要让每一个转瞬即逝的想法劫持自己的注意力。漫游的思维未必不可控制。我们如何能将注意力引向自己想要的地方，而不是自动默认大脑对社会认可的原始渴望？

正念修习！

正念修习

许多科学研究证明了古老东方传统的智慧，正念训练可以让滋生杂念和 FOPO 的 DMN 活动安静下来。[9]

正念并不是什么新兴活动。几千年来，冥想等沉思练习帮助人们专注内心，探索自己的心理和情感过程。直到近期，它们才进入西方世界。19 世纪中期，亨利·大卫·梭罗和拉尔夫·沃尔多·爱默生深受东方精神哲学著作的影响，但他们没有接受过文本背后的精神训练。20 世纪 60 年代，随着许多亚洲教师来到西方，以及越来越多的西方人出国去学习古老而神秘的东方内在艺术，正念开始受到更多关注。

我非常钦佩乔恩·卡巴金,他的指导对我来说意义非凡。20世纪70年代,在麻省理工学院读研究生时,他重新构想了适合世俗世界的正念训练。拥有分子生物学博士学位的他认识到了正念对健康的好处,并不遗余力地对正念进行科学定位,以确保它不被污名为新兴时尚或深奥的东方神秘主义。[10]他创立了正念减压(MBSR)诊所,通过教授正念冥想训练来帮助患有慢性疼痛和压力相关疾病的人。

正念是改变你与FOPO关系的基本工具。正念能让你更加了解自己每时每刻的思想、感受和情绪,让你有空间选择如何回应,而不屈从于应激反应。正念既是一种存在状态,也是一种技能。正念是一种"意识状态,产生于不加评判地专注于当下"。[11]正念也是一种技能,可以将练习者带入这种意识状态。

正念练习有助于为我们的认知和情感创造空间,让我们看清事物的本质。我们能认识到,我们并不等于我们对自己的看法,也不由他人对我们或有或无的看法和意见所定义。我们更辽阔,更深远。

我们不需要去别处寻觅自我意识的入口,因为意识始终与我们同在。我们只需要培养心理技能,开启意识之门。

大体来说,正念练习分为沉思正念与单点正念两类。沉思正念是纯粹专注于自己的想法,不加任何评判,观察自己内心的思想与情绪如何协同工作。单点正念是将注意力集中于一件事上，我们可以专注于自己的呼吸，或任何别的事物，比如一个声音、一点烛火或墙上的一个斑点。

正念练习能让我们意识到我们的大脑是多么频繁地思考他人对我们的看法，也让我们开始察觉那些影响自己思想和行为的潜在焦虑。通过正念，我们可以练习处理这些想法的心理技能，正视自己对社会认可的渴望，并识别驱动这一渴望的诱因、条件和思维模式。

每日小练习

练习正念。这听起来很简单，但实际上极具挑战性。尝试坚持单点正念几分钟，看看结果如何。大多数人的思绪会飘向过去、未来或某个关于当下的想法。我们的许多想法都是关于他人与自己的关系。因为思维的惯性发散，一个简单的视频会议可能会发展成漫无目的的心灵之旅。这一幕让我想起了《好莱坞广场》……它主人是谁来着？哦，彼得·马歇尔对吧……参会的人都太年轻了，估计没人知道这个……这视频角度看我是不是有双下巴……

你的大脑仿佛跳上了"思维列车"，驶过一连串相关的思绪。一个念头就能让火车离开车站，比如"我一直忙于工作，一次都没去看女儿的球赛"。每到一站，火车都会接收新的想法。"为什么我对生活的控制力这么低？其他人都能去看比赛，还有时间去度假，而我总是在工作。"一个想法接着另一个想法。"我们的文化就像一台伪装成目标驱动的大型机器，而我不过是机器上的一个齿轮。"一旦登上火车，它就会带你在黑暗的轨道上前行，走了很远你才意识到自己早已走神。"我真该换个新工作。"

在单点正念中，你也会突然发现，自己的注意力已经不再集中于呼吸上。意识到自己走神时，你将思绪拉回，再次把注意力集中于一点——专注自己的呼吸。这一循环会一次次重复。

该练习说明我们大脑的注意力容易分散，并倾向于持续关注他人以及他人对我们的看法。经过一次次重复，你会更快地注意到自己的注意力偏离了焦点，也会更善于驾驭自己的思想，让注意力集中在自己要专注的地方。

第二部分　FOPO 的心理机制

7 聚光灯效应

只要意识到其他人其实很少关注你,你就不会那么在意他人对你的看法了。

——大卫·福斯特·华莱士

康奈尔大学教授托马斯·吉洛维奇和他的同事设计了一项社会实验，并于 2000 年发表。该实验目的是检测他人是否真的每时每刻都在观察和评判我们。[1]109 名大学生穿上一件正面印着歌手巴里·曼尼洛照片的 T 恤，然后各自单独走进一间房间，而且房间里有许多年轻大学生担任观察员。研究人员特意选择了曼尼洛的照片，因为年轻人认为他完全"不酷"，堪称时尚灾难，对学生来说，穿着印有他照片的衣服一定会非常"尴尬"。实在抱歉，曼尼洛。

　　房间里，观察员坐在正对着门的桌子旁，看着一名学生穿着那件夸张的 T 恤走进来。学生跟观察员短暂互动后，就离开了房间，之后接受了研究人员的询问："你认为实验室里填写观察问卷的人中，有多少人能说出你的 T 恤上印的是谁？"观察员也回答了一系列问题，包括是否注意到该学生 T 恤上印着谁的照片。

正如研究人员所预测的那样，穿着曼尼洛 T 恤的学生大大高估了注意他穿着的人数。受试者推测，房间里约 50% 的人会注意到曼尼洛的照片。而实际上，能回忆起受试者穿着的观察员人数平均不到 25%。研究人员让另外的学生观看实验录像带，并估计房间里有多少人记得受试者穿的曼尼洛 T 恤，他们的估计比较准确，为 25% 左右。在同龄人面前穿一件夸张的 T 恤，这一简单的行为极大地提高了他们对自己所受关注的感知。

这一现象称为"聚光灯效应"，是指人们高估自己的行为和外表被他人注意的程度。[2] 我们总是倾向于高估别人对我们的关注。事实上，我们对自己的关注远超过他人对我们的关注。我们感觉自己处于"聚光灯下"，仿佛所有眼睛都在观察我们的一举一动，我们的缺点会被放大，仿佛全世界都能看到。

为什么会这样？这种现象的背后是一种以自我为中心的认知偏差。我们生活在自己世界的中心，我们关注自己的外表和行为，并倾向于相信其他人也关注我们。这并不意味着我们自私、傲慢，只是由于我们的世界观来自个人的经历和视角，我们总是推己及人，试图从同样的角度去理解他人的想法和行为，因此很难准确评估他人对我们的关注度。

我们高估了他人对我们积极或消极行为的关注。对于我们所做的事情，我们自己的看法与他人的看法之间往往存在着巨大的鸿沟。正如研究者所指出的：

无论是在小组讨论中提出一个精彩的观点，为项目成功做出重要贡献，还是在篮球场上完成一个完美的跳投，我们时常发现，这些自己印象深刻的非凡表现并未得到他人的注意和欣赏。那些我们自己感觉不好的行为也是一样，旁观者对它们的关注远低于我们的想象。第一次约会时"明显"的失态、排队时尴尬的绊倒或演讲时的重大失误，对自己而言都是难以忘记的羞耻时刻，但其他人可能根本没有过多注意。[3]

聚光灯效应让我们高估了自己对周围人的重要程度，导致我们对相关情况做出错误判断，并基于自己过度夸大的被关注感做出不恰当的决定。

错误共识效应

还有一种同样以自我为中心的认知偏差会扩大聚光灯效应，那就是我们倾向于高估他人对我们的信仰、观点、习惯和偏好的认同程度，这称为"错误共识效应"。[4]我们专注于自己的思想，于是总认为其他人的思考方式跟自己一致。我们把自己的想法投射到别人身上，最终高估了真实世界对我们思想和言行的共识，误认为周围的世界也在用我们评判自己的方式评判我们。

我们更喜欢与志同道合的人交往，从而进一步强化了这种共识观。我们选择性接触社会，又通过自己的社交网络评估更广泛的社会普遍性。当我们环顾四周，看看什么是"正常"时，我们的反馈来自有局限性的偏倚样本，以至于大多数人都高估了自己的思想和行为的普遍性。

锚定难以调整

聚光灯效应反映了"锚定与调整"现象。[5]"锚定"一词最初由阿莫斯·特沃斯基和丹尼尔·卡尼曼提出，用于描述人们基于最初接收的信息来做出后续判断的倾向。人们锚定于初始信息，而在上述实验过程中，早期信息又多来自他们在聚光灯效应下的主观体验。他们的注意力集中在自己认定是社交灾难的衣服上，虽然能认识到不是每个人都在关注他们的衣服并调整自己的评估，但很难调整到距离锚点足够远的地方，也很难对其他人的关注程度做出准确评估。

事实上，他人对你的关注度远低于你对你自己的关注度。他们跟你一样，也更关注他们自己。他们也想知道他们自己的发型是否合适，你会不会因为他们开会迟到而评头论足，以及你是否欣赏他们在电话会议上提出的出色见解。他们也一样，活在自己宇宙的中心。

除非你是金·卡戴珊一样的社交名流，否则你并不会像你想象的那样被他人观察、评判和审视。

真正的关键时刻

当然，也有一些时刻聚光灯真的照射到你身上。你可能正在为签下大客户做创意展示，可能坐在公司领导对面为获得梦想的工作参加第五轮的最终面试，也可能正为董事会提出一项新战略。

我们都有这样至关重要的时刻，感觉像个人超级碗或世界杯一般。经常有人问我，从表现好坏的角度来看，我们应该特别重视这些聚光灯下的关键时刻，还是以平常心对待？我的答案是两者皆可。你只需要做出决定，明确哪种心态对你而言更加真实，让你更有机会成功。

同样重要但也常被忽略的一点是，你无论采取哪种策略，都需要提前进行心理技能训练。培养心理技能的益处在于，让你的内在体验不再受外部环境支配。

如果你的首要原则是保持平常心，那你就进行心理练习来强化这一点。从确定自己的理想心态开始，明确最有效的自我对话方式，然后调整到最佳的注意力水平和兴奋程度。你的目标是对自己的完全掌控。一旦明确了自己的理想心态，你就可以通过不断练习来发展并完善心理技能，以实现该目标。你可以把理想心态作为心理训练的参照点和目标，不局限于任何特定的环境，把生活的每一刻都当作训练心理技能的机会。

如果你决定把一件事当作"生命中最重要的时刻",你同样需要训练相应的心理技能,同时你还可以刻意创造压力场景,让自己更接近那一刻的状态。创造后果严重的高压时刻,一次次演绎,不断练习,让自己能在身体处于高度兴奋状态时保持内心平静。经过长时间的练习,你就能逐渐适应更高的压力。

我们无法控制生活中发生的一切,但可以控制自己的反应。

> **每日小练习**
>
> 关闭聚光灯。认识到大多数人都不同程度地生活在自我的聚光灯下,而不是一直在关注你,就能帮助你克服情绪模式,抵消聚光灯效应。只要内化这一概念,你就能改变你和 FOPO 的关系。
>
> 问问自己,你花更多的时间去评判别人,还是花更多的时间思考别人对你的看法。最可能的情况是,你忙于自己的世界,而其他人亦是如此。旁人通常根本不会注意或关心那些我们自以为重要的事情。他们有自己的世界,也在操心自己的工作、家庭、孩子、学校、健康等方方面面的问题。你对大多数人尤其是陌生人而言,几乎无关紧要。如果有人真的看到你并对你评头论足,记住,他们并

不了解你，他们有自己的事情要做。

作为练习，让我们换个角度，想想自己站在他人的立场上会是什么感觉。首先，选择你会出现 FOPO 的场景。例如：同一个房间里都是比你年轻或年长许多的人，你很在意自己的年龄；你在小组会议上发言，但没能清楚地表达自己的观点；你在谈话中不合时宜地聊起自己过去的成功，在尴尬的冷场后，才有人出于礼貌而不是尊重勉强抛出一个后续问题。接下来，想想当你看到他人处于同样场景时的情况。把另一个人放在聚光灯下，把自己放在倾听者或观察者的位置上。你特别注意过别人的年龄吗？如果有，那是否只是一个短暂的念头？当别人表达不清时，你真的在意吗？当别人吹嘘他近期的成功事迹时，你会非常反感吗？还是你会耸耸肩，当这不过是正常行为？你可能不会再想起这些时刻，因为它们根本无足轻重，很快就被遗忘了。自己觉察到的失言或"社死"的失误都属于个人的言行，大多数情况下，别人根本不会注意，更不会记得这些。

大多数人都专注于自己的生活，而不会一直注意别人的行为。那束聚光灯不是来自他人，而是来自你自己。你将聚光灯打在了自己身上，是时候关掉它了。

8 别人在想什么

显而易见的事实,往往最具欺骗性。

——阿瑟·柯南·道尔

第一次思考有关 FOPO 的问题时，我还是一名研究生。当时，我正在攻读心理学学位，主修运动心理学。我想了解的不是阻碍人们前进的原因，而是让他们出类拔萃的品质。

我想了解，世界上表现得最好的人如何在高风险的环境中组织他们的内心生活。查尔斯·林德伯格是如何在没有无线电和降落伞的情况下，独自飞行 34 个小时，飞越大西洋的？是什么让简·古道尔能够无视性别刻板规范，在未知的领域中航行，最终重新定义人类与动物之间的关系？"坚韧号"上的欧内斯特·沙克尔顿和他的船员是如何在长达近两年的艰苦的南极探险中活下来的？

我热爱自己的研究，但传统心理学的污名阴影似乎笼罩着这一领域。不到一个世纪之前，心理疾病患者被当作"疯子"关起来，而当今社会仍对心理健康抱有过度负面的看法。去看心理医生常被认为是心志不坚、性格软弱的表现。人们认为心理学只能治疗心理疾病，无关于提高表现能力，增强幸福感，促进个人成长与发展。传统心理学传承下来的规则导致了人们对这个领域的误解。心理学总是很神秘。客户进入安静的密室，与专业人士分享他们的内心世界，而专业人士会发誓绝不公开与客户的会面和关系。如果两人在别的地方遇见，除非得到客户的允许，否则心理医生应该像陌生人一样默默走开。就像电影《搏击俱乐部》里说的那样：心理学的第一条规则——不要谈论心理学。笼罩着心理学领域的神秘感无意间为此行业蒙上了一层羞耻感。

专家、立法机构和管理机构为这一行业设立了各种成文或不成文的规则惯例和实践方针。我应该遵守传统，不可越界。但我想改变它，我要颂扬心理学，让它走出阴影。可我担心如果我违背惯例，改变做事方式，同行们会怎么想。所以毕业后，我走到了运动心理学的边缘，将研究重心放在极限运动上，这一前沿领域当时还未建立起严格和完备的规则规范。

我有幸获邀与一位顶级综合格斗选手一起工作。为期5个月的训练营结束后，我们进行了最后一次训练，随后全队登上了飞往拉斯维加斯的航班。我们在比赛前3天到达，进行称重、媒体采访和一些现场训练。

比赛当晚，我和教练一起陪着拳手，在更衣室进行了完整的赛前热身，包括身体、技术和心理热身准备。心理热身是让拳手准备好心理状态，锚定目标，并在进入竞技场之前"切换"到他理想的竞技心态。

走上拳击台的数十步路程就可能击溃一名拳手。聚光灯耀眼炫目，音乐声震耳欲聋，人群的喧嚣、嘶吼让人不禁寒毛直竖。体育场内的两万人和电视机前的数百万观众都激动万分，渴望看到一场见血的搏斗。拳手们面对人群的狂热，一步步走向真正的战场。尽管拳手都会虚张声势，表现出自信满满的样子，但赛前焦虑并不罕见。和这个世界上顶级的拳手一起走进八角笼，而对方的目标是用暴力迫使你放弃战斗，这难免让你神经紧张。

对世界级运动员而言，细节至关重要。我们不仅在空无一人的竞技场将这一小段上场的路程排练了3次，还在赛前的几个月里在脑海中多次模拟上场的画面。运动员运用想象激活五感，练习他们想要的感觉和表现，包括在台上的战斗以及上台前的一切。在更衣室热身时，等待走进竞技场时，被摄制组和保安团团围住时，他希望自己是什么感受。进入竞技场，面对欢呼和尖叫，听到嘘声与喝彩，他想如何控制自己的心态。

我们的队伍为这一刻做好了充分的准备，我们甚至练习了他上台前的拥抱和握手，而唯一没有排练的是赛前拥抱后教练组去哪入座。

铃声响起，比赛开始。我们的拳手已经在脑海中反复预演过这场比赛，他严格地执行比赛计划，减少不必要的动作，保持体力，不断变换出拳方式，让经验更丰富的对手也无法从他的动作中发现任何明显的规律。面对情绪逐渐急躁的对手，他保持着异乎寻常的冷静。最终，他击败了最受欢迎的对手，隆重地宣告自己的胜利。我们整个团队都沸腾了。

几个月的辛勤工作终于迎来了回报。我进入综合格斗界工作意味着我已经偏离了运动心理学家的常规道路。而事实证明，这是绝佳的心理实验室，因为它可以让我们了解大脑在压力之下的工作情况。充满敌意的高压环境容不下一丝失误，竞技者需要高超的心理技能，保持冷静、自信、专注、敏锐，否则将会付出惨重的代价。比赛结束后，我坐在回酒店的车上，正沉浸在喜悦之中，突然接到导师的电话。他的第一句话为："热尔韦，你在干什么？为什么要在镜头里从运动员身后走过去？"

他的话犹如晴天霹雳，证实了我最大的恐惧。他是我们行业备受尊重的大人物，他让我知道心理学应该藏在门后面。他一定认为我的所作所为不适合这一领域，这让我感到十分尴尬。就在那一瞬间，刚刚的喜悦荡然无存，我只想找个地洞钻进去。

回到酒店，我给我的妻子丽莎打电话，她是我高中时的恋人。那时我们已经结婚 10 年了。她有古巴人和萨尔瓦多人血统，性格直率，说话坦诚、直接。每当我需要认清现实时，我总是会第一个问她的看法。她的回答很简单："去他的吧。"

我的转变

丽莎的劝解把我从混乱中拉了出来。但导师的意见影响我多年，在这 10 年的大部分时间里，我都特意避开媒体，避免给人留下自以为是的印象。

渐渐地，大众媒体对人的精神世界及其所有叙事可能越来越感兴趣，这很合理。在高水平竞技运动中，决定比赛结果的往往是大脑而非身体。胜败之间的毫厘之差往往取决于运动员的心理和思维能力，而身体只是一个人精神能力的延伸。

我的几个项目引起了媒体的关注，我开始意识到公共对话有助于心理学的推广及去污名化。我参加了"红牛跃天计划"，负责帮助奥地利跳伞运动员菲利克斯·鲍姆加特纳。他背着降落伞，从距地球表面 24 英里的加压舱中一跃而下，成为世界上第一个在没有机械辅助的情况下突破音障的人。

我曾在美国华盛顿州的橄榄球队西雅图海鹰队工作，成为第一个完全融入球队，并与国家橄榄球联盟密切合作的心理学家。9 年间，我帮助海鹰队教练皮特·卡罗尔建立起以关系为基础的球队文化，并让思维训练成为球队的重要传统。

沙滩排球运动员克里·沃尔什·詹宁斯和米斯蒂·梅-特雷纳创纪录地连续三届奥运会获得金牌,她们公开谈论了我们的心理训练工作。

后来,我启动了《掌控之路》播客,以充分展示心理学。每个星期,我们都在播客节目中探索人们在通往掌控之路上的心理框架和内在技能。

一路走来,我得到了同事们的大力支持,他们助我一起揭开心理学的神秘面纱。当然,仍有一些同行态度保守,坚持过去的"行规"。但我意识到,我的恐惧并非来自他人,而是源于自己。事实是,对于打破陈规,我心存疑虑。我何德何能,竟敢挑战前人的智慧?

几年前我曾发誓,如果再遇到我的导师,我一定要问清楚拳击赛后的那通电话中他到底是何用意。他的意见于我意义十分重大。对我而言,他是心理学的权威代言人,是行业的领路人。他到底是什么意思?是希望我安分守己吗?他真的将自己视作心理学传统的守卫者吗?我不守规矩,让他感到丢脸吗?他是认为我越界了,还是从我身上看到了自己内心的矛盾?

这一刻终于到来了。那是在一场重要的会议上,我刚刚结束发言,正要离开讲台,就看见他一个人坐在前排的边上。我们目光相接,我告诉自己,终于有机会问清楚他当年为什么那么说，他到底是什么意思。活动结束后，在大家的寒暄问候中，我们再次目光对视，但他始终坐在座位上一动不动。我突然明白，他想让我走过去。等人群散去，我走到他身边，他看上去比我记忆中瘦小，甚至有些虚弱。他留着胡须，戴着眼镜，身穿一件斜纹粗花呢夹克，仿佛在扮演一名19世纪的心理学家。

多年来，我对他当初所持的意见一直深感焦虑，但当我们面对面站在一起时，种种疑虑都烟消云散。那一刻，我突然不在乎了。我竟为此折磨自己这么多年，很可笑吧。我们聊了几分钟，谈了谈心理学行业面临的挑战，然后握握手，继续走自己的路。

这些年来，我一直猜测他对我的看法，随之而来的压力挥之不去。我让它影响了我做出或没有做出的职业选择，也影响了我抓住或错过的机会。这是为了什么？为了别人的一个观点，那甚至可能根本不是他自己的观点。

防御或探索

十几年前，我导师的观点看似非常明确。"热尔韦，心理学治疗是隐私，应该关起门来，你违反了行规。你要认清自己的位置。"

实际上，我永远不会真正了解他当时的想法，而且那也并不重要，重要的是我当时的反应。那时，我根本没能真正去思考他说的话，我认为自己"明白"他在说什么，我"确定"自己知道他是什么意思。他的话如电流般击中了我，让我产生了应激反应。虽然我没有为自己辩护，但我采取了防御立场。出于自我保护，我谨小慎微，低调行事，发誓再也不让自己受到那种批判。

跟他握手之后，我开始思考，为什么他的回应会对我产生如此巨大的影响？为什么他的意见如此重要？为什么我要让外部事件支配我的内在体验？关于我的内心世界，这件事能教会我什么？

从研究生阶段早期开始，我就在自己想追求的道路和我应该追随的道路之间徘徊犹豫，我应该追随的道路上处处是路标，并且布满规则和传统。我不知道如何解决这个矛盾的问题：一个人怎么能既遵守规则又打破规则？

我导师的回应触发了我长期以来的心理负担。我很担心，如果我与心理学领域的规范格格不入，别人会怎么想？我内心忧虑重重，不断告诉自己，这一领域的权威人士们对于我的离经叛道会有怎样的批评。我听见爱因斯坦的名言在脑海里循环播放："我时常困惑于一个问题：是我疯了，还是其他人疯了？"那场拳击赛后，我的导师一开口说话，我便给他的话语注入了意义和重量，并加入了自己的解读。他提醒我在拳手登台时，不要出现在镜头里，这让我更加确定自己原有的揣测，对我内心的焦虑无异于火上浇油。

他只是刚好触及我内心本就存在的矛盾与恐惧。

读心术并非超能力

人类具有独特的认知能力，可以思考自己和他人的思想。我们能推断他人的心理状态，推测他人的意图、想法、感受和信念，并利用这些信息来"理解和预测行为"。这一行为发生在每一次社交互动中，几乎是一种条件反射。

辨别他人想法的能力是我们进行社交互动的基础，大多数人从幼童期就开始发展这一重要的社交技能。哈佛医学院神经外科副教授、医学博士齐夫·威廉姆斯指出："在互动中，我们需要有能力预测他人未表达出的意图和想法。这要求我们在脑海中描绘出他人的信念，接受他人的信念可能与我们自己的完全不同，并评估他人的想法是对是错。"[1]我们都会读心术，或许有些人的这一能力比一般人更强，但总体而言，我们真的很擅长推测他人的想法吗？[2]

为了找到答案，芝加哥大学教授尼古拉斯·埃普利博士和他的同事进行了一个简单的实验。埃普利将很多对情侣分到不同房间，其中一位需要就20个观点回答自己的认同度，即根据自己同意或不同意的程度，选择1（完全不同意）到7（完全同意）的分值选项。[3] 这些观点包括"如果重新过这一生，我一定会做些不一样的事情""我想在伦敦和巴黎待一年""比起参加聚会，我更愿意在家安静地度过一个晚上"，等等。在隔壁房间，他们的伴侣根据自己对他们的了解，推测他们会如何回答这些问题，并预估自己推测正确的问题数量。

参与实验的情侣在一起的平均时间长达 10.3 年，他们都已进入相互深入了解对方的阶段，而且其中 58% 的人是夫妻。一般来说，伴侣应该比陌生人更能读懂对方的心思，否则，一起生活可太不容易了。

确实，他们推断伴侣想法和感受的准确度要高于随机猜测，但也没有高太多。20 个问题中，随机猜测按概率能答对 2.85 个，而情侣们实际平均答对 4.9 个。

比起他们读心术的准确性，更能说明问题的是，他们对于自己能否准确推断伴侣想法的能力评估远高于真实水平。他们平均回答正确 4.9 个问题，但他们预估自己能回答正确的问题的平均数高达 12.6 个。换言之，我们自认为了解他人想法的能力水平远高于实际情况。用埃普利的话来说："问题在于我们在这件事上的信心远超我们的实际能力，而我们对自己的推测过度自信，这让我们很难判断自己推测的实际准确度。"[4]

埃普利的实验证明，我们的读心术能力十分有限。他的实验对象甚至不是陌生人，而是一起生活多年、了解彼此生活中私密细节的情侣。如果我们都没有能力准确预测最亲近的人在想什么，想象一下，关于朋友、老板、同事、导师和陌生人对我们的看法，我们的判断又会是多么不可靠。关键是，我们花费大量时间和精力，纠结于自己很可能做错的判断。我与许多各方面表现杰出的天才合作过，但我可以说我还从没遇到过真正擅长读心术的人。事实上，我们都不擅长这件事。

我们"知道"别人在想什么，也"知道"他们如何看待我们，这种十分普遍的信念往往如一根能够点燃 FOPO 之火的火柴。我们先发制人，对自己的想法做出反应，而这些想法可能是对的，也可能不是。我们相信自己知道别人对我们的感觉，但实际上，除非他们真实表达出自己的想法，否则我们的"知道"不过是猜测而已。通常情况下，我们只是将自己的种种想法串在一起，编织成一个在当时看似合理的故事，去诠释自己的经历和体验。这种互动往往充满误会、偏狭、扭曲甚至于完全错误。获得诺贝尔奖的心理学家丹尼尔·卡尼曼说："我们对自己的观点、印象和判断通常都过于自信。我们严重高估了自己对世界的了解。"[5]

别推测，直接问

或许我们只需要站在他人的立场，去理解他们的想法。埃普利与玛丽·斯特菲尔博士和塔尔·埃亚尔合作进行了一系列实验，研究积极站在他人角度能否让我们更准确地判断他人的思想、感受、态度或其他精神状态。[6] 戴尔·卡耐基在他所写的经典励志指南《人性的弱点》中鼓励读者朝这个方向努力，赢得友谊并影响他人。[7] 在书中他提出获得认同的 12 条法则，其中第 8 条是"试着诚实地从别人的角度看问题"。我们只要诚实地想象并代入另一个人的心理视角，就能更好地理解他们的想法，这似乎是公认的常识，但事实并非如此。

心理学家的实验发现，并没有证据表明，积极代入他人视角能有效提高解读他人想法的能力。"如果说有影响，代入他人视角有时会提高我们对判断的自信，反而在整体上降低了判断的准确性。"[8]

是什么影响了我们辨别他人思想的能力？是什么阻止我们真正了解他人的观点，阻碍我们凭直觉推测他人话语背后的意图和意义？我们正试图破解宇宙中最复杂的适应性系统。据估计，人类大脑中有 860 亿个神经元。加利福尼亚大学圣迭戈分校大脑与认知中心主任、神经科学家 V. S. 拉马钱德兰指出，每个神经元可以通过突触与 1 000~10 000 个其他神经元直接相连。[9]

考虑到人类思维的复杂性，埃亚尔、斯特菲尔和埃普利的研究发现，有一种策略对理解他人的想法很有价值，那就是直接询问。

与其站在他人的角度思考，不如直接问他在想什么。要想最为准确地洞察他人的思想、言语、信念和观点，我们需要在他们"能诚实而准确地表达自己的环境下"，直接询问"他们在想什么"。[10]

如果你想知道别人的想法，不必猜测，直接询问并认真倾听。当年我如果理解这一点，跟导师的交流定会有所不同。我应该直接询问他的意见，而不是假设自己的解读一定正确。我更理解自己的经历，却未必了解他的真实感受。我们没有认识到，我们对他人观点的解读往往更多地反映出我们自己，而非表达观点的人。当我们的解释成为"真相"时，我们就失去了好奇心，不再探寻真正的答案。我们沉浸于自己编织的故事，却不专注于自己，而是将注意力集中于故事中的对手。

我只需要直接问我的导师，就能更完整、更准确地理解他的想法和感受，那可能会让我有机会与他建立起更深刻的关系。也许我再深入了解就会发现他内心其实跟我一样，渴望去污名化，希望消除心理学的羞耻感。谁知道呢？一切皆有可能。不过，可以肯定的是，我切断联系的应激反应直接切断了与他建立关系的任何可能性。

也许更重要的是，通过与他的交流，我能对自己有更深刻的了解。如果我没有将注意力放到他可能的看法上，而是关注自己的感受，那也许是一次自我剖析的机会，让我可以坦然表达自己对心理学事业的复杂感受。FOPO 由被动性和心理投射驱动，因此勇往直前便是最好的解药。

他人意见对我们的影响力取决于我们自己。多年前，在拉斯维加斯的那个晚上，我把导师的意见看得太过沉重。我本可以走另一条路，这条路的起点非常简单——直接询问。

> **每日小练习**
>
> 想测试你的读心术技能如何吗？试试这样做。问问你的同事、朋友或上司，能不能让你花点儿时间，尝试解读他们的想法。
>
> 准备一叠白纸和一支笔，按以下步骤，让我们潜入读心术的迷人领域。
>
> 1. 布置环境：找一个舒适的空间，在你们两人之间放置一件物品，比如一部手机、一支蜡烛或一串钥匙，只要一件简单的日常用品，就能刺激并误导对方的注意力。要展示读心术，你最好全力以赴。
>
> 2. 选择风格：确定你喜欢的读心方式。你可以选择闭上双眼，沉浸于深度专注的状态；你也可以睁开眼睛，仔细观察对方的表情和细节。找到最适合你自己的方法。
>
> 3. 想法与印象：让对方专注于一个具体想法，并记在纸上。鼓励他发挥想象力，记下任何浮现于脑海的事物，

包括文字、图像甚至一段记忆等。接下来，要求他想想对你的意见或看法，也写在纸上。这可以挑战你在个人层面的读心术能力。

4. 释放读心术：现在是展示你读心术能力的时候了。说出你认为对方最初的想法以及对你的看法是什么。清晰、坚定地表达你的见解和想法。

5. 做出比较：最后，比较你的推测与对方的实际想法，看看你的读心术能力怎么样，以及能否转行，开一家占卜店。

我们每一个人都在不同程度上尝试过读心术，并且总是试图解读他人的思想。我们仔细研究他人的话语、语气、面部表情、姿势、动作和行为选择以寻找线索。而人们清楚对方正在观察自己，并会试图控制或引导对方的观察和认知，这进一步增加了读心术的难度。这是一场无言的游戏，充满了隐藏、发现与错误启示。[11]

拥有解读他人思想的能力是我们成为深度社会性动物的部分原因。但我们擅长于此吗？答案是否定的，至少我们远没有达到能准确读心的程度。所以，不要凭自己的直觉去推测他人想法，并让这些不准确的猜测影响自己的人生抉择和策略，直接开口问吧！

9 / 我们所见乃自我本身

人们最擅长通过解释新信息,去维持他们原本的结论。

——沃伦·巴菲特

2015年，塞西莉亚·布莱斯代尔在英国兰开夏郡的一个小村庄购物，为参加女儿的婚礼挑选一条新裙子。她在3条裙子中选择了一条50英镑的裙子，并拍下3条裙子的照片发给女儿看。女儿问她是不是买的"白金色"那条。她回答："不，那是蓝黑色的。"女儿说："妈妈，你要觉得是蓝黑色，真该去看看眼科医生了。"[1]

　　她女儿在脸书上分享了这张照片。两周后，婚礼在苏格兰顺利举行，布莱斯代尔的新裙子并没有引起人们的注意。但她女儿的一个朋友凯特琳·麦克尼尔始终想不明白，她把那张照片发到了轻博客汤博乐（Tumblr）上，让大家辨认裙子的颜色。第二天，这张照片火了，并在网络上引发热烈讨论，坎耶·韦斯特、金·卡戴珊和泰勒·斯威夫特等众多明星都参与了这场辩论。技术团队紧急介入维护，以防止流量过大造成服务器崩溃。[2] 布莱斯代尔甚至登上了《艾伦秀》。"蓝黑"还是"白金",这条裙子的颜色成为全球大热话题,在科学界也引起了广泛关注。为什么同一条裙子人们会看出两种截然不同的颜色呢?

感知因人而异

神经科学家最终给出了答案:感知因人而异。一个人对衣服颜色的判断取决于其大脑对周围光线和衣服光照情况的假设。[3] 单看那张照片,我们无法分辨裙子是否处于明亮背景中的背光处,或是否处于完全明亮的房间,是否有强光冲淡了裙子的颜色。对于信息缺失,我们的大脑会做出假设和推论来填补空缺。我们所感知的现实正是这些推论的结果。此结果基于一种假设,一种信念。

但此原理不局限于视觉感知。我们倾向于认为感知就是接受感官信息,并将自己想感知的事物拼凑起来,这是一种自下而上的处理过程。我们一开始对所见事物没有先入而主的想法,只接收感官信息,并由感知引导我们去认知理解。这就好像给你一盒没有参考图的拼图。[4] 你观察每一块拼图,然后慢慢把它们拼在一起,逐渐拼出可识别的图像。

但事实上,大脑并不只是被动地感知现实,而是透过个人信念来创造现实。我们参考情景语境和过往经验,运用已知的知识,并带着个人的期望去解释新的信息。

从我们很小的时候开始,大脑就会为它要探索的世界建立模拟图景或模型。[5] 大脑会根据我们的心理模型预测将要发生的事情,而这些预测成了我们体验周围世界的关键过滤器。我们对世界的感知并非自下而上的拼图,而是由自上而下的预测所过滤并塑造。正如体验那条"蓝黑"或"白金"的裙子一样,我们对生活的体验也是基于个人信念的解释过程,这些信念根植于我们的心理模型之中。

感知是一个建构过程,而我们的建构往往偏离现实。如布莱斯代尔的裙子,我们所看到的并不是事物真实的样子。在丹尼尔·西蒙斯著名的"非注意盲视"实验中,人们没有看到一群打篮球的人中走过了一只大猩猩。[6] 在我们眼中,接近地平线的月亮比悬在高空的月亮更大,但实际上它们一样大。我们通常"只感知到自己期望感知的事物,而不是实际存在的"。纽约大学心理学教授詹姆斯·阿尔科克写道:"我们的思想和感情、行为和反应,都基于我们所相信的世界,而不是对真实世界的回应,因为我们根本无法直接了解真实的世界。"[7]

信念过滤器

同样地,我们如何感知和解读他人的观点也完全取决于自己的信念和偏见。如阿尔科克所言,在大多数情况下,我们的反应并不是对他人真实意见的回应,因为我们根本不了解他人的真实想法，我们对他人意见的回应不过是我们自己的猜测。我们的信念就像过滤器，我们透过它来解读他人的观点。

要理解个人信念在推动 FOPO 中所起的作用，首先要认识到 FOPO 是一个先发制人的过程。为了增加在人际关系中的接受度，避免被拒绝，我们试图预测他人对我们的看法。我们不断审视社交环境，从中寻找威胁或机会的信号。其终极目标是最大限度地提高他人对我们的认可，避免被嘲笑、苛待、欺负、霸凌、排斥或孤立。在高度警惕的状态下，我们不断扫描以捕捉细微线索，从而先发制人地做出接受、改变或拒绝他人观点的反应。他人观点的未知性加重了我们的焦虑。正如阿尔弗雷德·希区柯克所说："恐怖的不是爆炸，而是等待爆炸的过程。"

我们想阻止一些尚未发生（可能根本不会发生）但具有潜在威胁的事情（不利意见）。我们不确定他人的意图，只凭自己的解读定义他们对我们的看法，而我们的解读基于我们对自我及人性所持的信念体系。当受到威胁时，我们更倾向于坚定自己的信念。我们时常扫描环境，寻找与已知信息相匹配的证据，并以此判断他人的想法。

我们对他人观点的感知有时与真实情况不符。我们对他人观点的解读往往更多地反映了我们自己的思想和信念，而不是他人的真实观点。我们相信一件事会发生，并在它发生之前先发制人，采取行动，实际上，我们的预测和行动引导了事件的发展，这一心理学现象称为人际期待效应。

这并非什么超自然的玄学概念，而是人类意识和大脑的运作方式使然。例如，你的一位好友曾在你处于人生低谷时陪伴你、支持你。在你脆弱无助时，他对你慷慨体贴，关怀备至。几年后，他遭受感情剧变，但他不是那种会开口求助的性格。你当时忙于工作，疲于应付自己的挑战。而他身边有许多人爱他、支持他，所以你跟他的来往渐渐变少了。一段时间之后，你悲观地认为他会怪你，因为你没有在他需要的时候陪在他身边。你的感觉并没有任何实际证据，你却因此从这段友谊中退缩、疏远。你感到越来越不自在，到他家拜访时也不复从前的亲近随意。岁月流逝，你们渐行渐远。

在这个事例中，你先入为主地采取行动，回避退缩，不再去他家找他，最终使你们的关系走向你自己预测的结局。

证真偏差

1970年，英国心理学家彼得·沃森提出"证真偏差"效应，它是指人类大脑倾向于通过寻找、解读并记忆信息，以证实自己固有的观念或期望。在一系列研究中，他发现人们偏好于寻找能证实个人先入之见的信息，而忽略与个人信念不符的信息。[8]证真偏差一般发生于潜意识中，人们通常意识不到偏差为何出现，有何影响。[9]

我第一次研究证真偏差时,就发现它简直无处不在。这是心理学研究生院的经典笑话,但它巧妙地暗示了证真偏差的影响。我们通常会寻找支持自己原有信念的证据,而不是挑战个人信念的证据。

我们很早就发现,证真偏差会影响人们的思想和行为。推广科学方法论的哲学家弗朗西斯·培根爵士在 400 多年前的文艺复兴时期就已经认识到这一点。

> 人类认知一旦接受某种观点(无论是公认的观点还是个人认同的观点),就会吸纳所有相关信息来肯定它、支持它。即使另一面存在更多更有分量的证据,我们也视若无睹,甚至回避拒绝。通过这样强有力的偏见预设,其先前结论的权威性可以不受侵犯。[10]

过去 50 年里最具影响力的心理学家之一丹尼尔·卡尼曼认为,我们的思考方式与视觉感知方式非常相似:"视觉感知过程会抑制不明确信息的模糊性,因此你会选择一种明确的解读,而你根本意识不到其他可能性的存在。"[11] 以美国心理学家约瑟夫·杰斯特罗最早提出的"鸭兔错觉"为例(见图 9-1)。我们看这张图时,无法将其一分为二——同时看出鸭子和兔子。我们的大脑在鸭子和兔子的图像间切换,但无法同时呈现这两种图像。

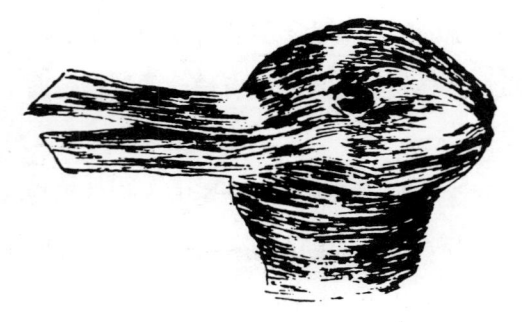

图 9-1 鸭兔错觉

图片来源：创用 CC（Creative Commons）。

"证真偏差的存在，是由于你一旦采纳一种解读，就会自上而下地强行让一切信息符合该解读。"卡尼曼说，"我们知道，感知中存在这一解决歧义的过程，几乎可以肯定，思考中也存在类似的过程。"[12]

证真偏差一部分源于大脑对效率的需求，它需要找到最高效的方式整合涌入的大量信息，该过程称为认知启发。启发式认知模式通过深度神经通路，选择牺牲准确性来追求速度和效率，因此其倾向于接受熟悉的内容，而忽略不熟悉的信息。

在人类进化史的大部分时间里，我们需要高度适应种种生存威胁。听到树枝折断的声音，就立刻判断林中有老虎，这很可能会助你逃过一劫。在现代社会，当我们没有时间基于足够清晰的数据来做判断时，这种高效的捷径可能十分有用，但也可能将我们引入歧途。

我曾跟一家初创科技公司的高管一起工作。他的工作严重影响到他生活的其他方面。他相信成功来自努力奋斗和长时间工作。该公司前两个季度的销售额大幅下滑，于是他寻找原因并得出结论，销售低迷是自满和懒散的结果，其主要问题是销售团队的工作时间减少了。

他的判断有理有据。尽管在公司采用的混合工作模式下，他对员工的直接监督较少，但他知道由于在家工作，销售团队在工作日的工作时长相对减少了。他决定结束远程工作模式，让所有人都回到办公室。但公司的销售额并没有因此提升，而且公司付出了惨重代价。公司成本上升，两名顶级销售因不愿回到办公室而离职。突然回归办公室引发了员工的焦虑情绪，并严重影响了员工的士气和心理健康。

该公司聘请了一名管理顾问，以便更好地找出业务下滑的原因。该顾问与员工坦诚对话，聆听他们的心声，因此很快发现问题根本不在于自满和懒散。那位高管所重视的问题，即工作日的工作时间减少，确实证据确凿，但他没有意识到，远程工作的员工实际工作的总时间更长，因为在周末和工作日下班后，他们花在线上工作的时间更多了。真正的问题是工作负担过重——公司文化要求24小时在线，员工身心劳累，精疲力竭。证真偏差让这位高管对员工福祉漠不关心，这进一步加剧了根本问题。

超越信念

信念是我们相信其正确的一系列思想或观念。我们透过信念的滤镜看世界,从而形成独特的感知体验。我们为信念而战斗,为信念而牺牲,为信念走进婚姻的殿堂。有些信念会增强我们的能力,有些信念则会限制我们。归根结底,所有信念都具有限制性,即使是最强大的信念也不例外。信念通过定义自我来限制我们。

每当我们意识到他人对我们的看法可能具有威胁性时,我们都面临着一个选择:是捍卫自己的信念体系,最终走向FOPO的道路,还是保持好奇心;我们要透过以往经验的滤镜去解读这一时刻,还是保持客观,像从不曾经历过一样去体验这一刻。因为我们确实未曾经历过,所以这一刻就是崭新的。

人人都有偏见

对于各种不同的人、事物和想法,我们都抱有偏见和好恶,其中有些偏见我们自己甚至都意识不到。如果你不相信,可以问问自己,你如何看待持有以下看法的人。

- 支持美国步枪协会(NRA)

- 支持跨性别女性运动员参加体育比赛
- 认为小学生不应该起立向国旗宣誓效忠
- 称气候变化是骗局
- 提出在你居所附近修建政府补贴住房，以解决流浪汉居住问题
- 坚持认为应强制接种疫苗
- 开电动汽车
- 更喜欢猫而不是狗

阅读以上列表或许已激起你的一些信念或感觉。我们的大脑会自然而然地将事物分类和分组，区分喜欢和不喜欢。

每日小练习

为了更好地理解证真偏差如何影响你对他人观点的解读，你可以主动寻找挑战你信念的信息。你的任务是重新审视别人对你的看法，包括别人直接表达的观点，或没有直接说出口但你已经注意到的态度。例如，"我的上司担心我对她有威胁，所以没有将我拉进新客户的团队。她是一名老派又专制的管理者，重视控制，不善用人"。

将你的想法分成两部分：你的信念和他人的观点。先

从你的信念开始。"我的上司感到我对她有威胁，她想掌握控制权。"很可能这不是你第一次有这种想法，过去一定有某些经历支持你这么想。想一想是否有其他经历影响了你对上司的看法，将支撑你看法的证据记录下来。可以是泛泛而谈的普遍论据，如"所有公司都想要自上而下的控制管理"，也可以是你在前公司的经历，如"之前那位经理从来不支持我，永远都以他为中心"，还可以是你跟上司之间的一次具体经历，如"我谈到我对公司新业务的热情时，她翻了个白眼"，或者是以上所有。无论证据是什么，你都要认识到，它们是你解读当下观点的过滤器。

现在我们试试别的观点。在这件事上，她不愿意让你加入新团队。你可以试试从其他角度解释她为什么这么做。发挥想象力，玩一玩，就算你不相信那些理由也没关系，就当成一次创意写作练习。"上司很重视我，但她先前已经跟另一位主管承诺了让他负责这个客户。她想把我放到真正能发挥我的能力的工作上，而她翻白眼是因为她没办法让我加入这个团队。"

固有偏见会影响我们对他人看法的解读，我们的任务是尝试从另一个角度来理解这段经历，以便让你从固有偏见中解脱出来，即使只是短暂的解脱。

10 独立面具伪装下的社会人

没有人是一座孤岛，孑然独立；人人都是大陆的一片，部分汇成整体。

——约翰·多恩

1998 年冬季，棒球赛季结束后，超级巨星巴里·邦兹到他的老朋友小肯·格里菲在佛罗里达的家中与老朋友共进晚餐。在刚刚结束的赛季中，邦兹目睹了马克·麦奎尔打破美国职业棒球大联盟的本垒打纪录，后来麦奎尔被证实当时服用了类固醇激素。

　　在餐桌上，邦兹表达了他对竞争环境不公的失望，他出人意料地坦承道："我去年打得不错，但没人在乎，根本没人在乎！我一直都说麦奎尔、坎塞科，还有所有投球手都在用类固醇，我厌倦了跟它抗争。今年我 35 岁了，还能打三四个赛季，我想拿薪水，就得用些硬核的东西，但愿不会太伤身体。然后，我就退出游戏，结束这一切。"[1]

　　邦兹发现自己陷入了数学家阿尔伯特·塔克所说的"囚徒困境"。[2] 囚徒困境诞生于博弈论领域，但 60 多年来，心理学家、经济学家、政治学家和进化生物学家一直借用该理论，用于理解人类行为的驱动因素。囚徒困境有许多变体，但其基础框架是两个素未谋面之人相互对抗。游戏结果会互相制衡，所以每个人做出的选择及玩游戏的方式都会影响自己和对方的结果。每个人做出个人的选择，一旦做出决定，对方也会知晓你的选择。这个游戏的两难之处在于，你可以选择自私的玩法——零和博弈，以牺牲对方收益为代价，追求个人收益最大化；也可以选择合作共赢，使双方共同收益最大化，但个人收益会相对低于零和博弈中的最大收益。

在巴里·邦兹的案例中，他可以做出更有益于集体的选择，即不服用提高成绩的药物。这可能导致名誉、数据及收入等方面的短期收益减少，但对遵守规则的球员和运动环境有利。

但不出意料，正如经济学家所预测的那样，大多数人会选择自私的玩法。人们的选择结果符合根植于西方世界的普遍信念，即人类由自身利益所驱动。这一观点在游戏的数百次迭代中不断得到体现，成为我们理解经济和社会行为的基本框架。

从这个角度来看，邦兹若是卷入类固醇丑闻，一点儿也不奇怪，因为他选择了自私的玩法。你如果同意我们是一个自私的物种，就明白我们大多数人都会做出同样的选择。

但这不是故事的全部。瓦尔达·利伯曼、史蒂文·塞缪尔斯和李·罗斯研究了另一个版本的游戏。游戏的前提、规则和一切设定几乎完全相同，只有一点改变，那就是在游戏开始时，告知参与者他们要玩的是"团队游戏"。[3] 游戏结果截然不同——70% 的参与者选择合作而不是自私的玩法，他们更多地考虑集体收益。

该研究表明，人类是不仅受个人利益驱动，也受社会驱动的生物，这一发现得到了各学科的广泛支持。我们的社会驱动性不来自后天的学习，不是为了满足个人利益而习得的实用技能。正如社会神经学家马修·利伯曼所描述的那样："我们的社会运作系统是我们作为哺乳动物的基本属性的一部分。"[4]

我们并不是通过习得成为社会一员的独立个体。相反，我们本就是社会性动物，只是学会了识别自我。这一点值得铭记。

我们本质上是社会性的，所以我们要真正理解并不断提醒自己，我们需要人与人之间真正的联系，这有助于我们处理 FOPO 的难题。

事实上，FOPO 源于内心的深切渴望，渴望被接受，渴望与他人建立联系。归属感是人类的基本需求。害怕他人的负面看法体现了我们更深层次的恐惧：害怕被拒绝。因被拒绝而产生的生理应激反应是 FOPO 普遍存在的原因。看起来好像只要不在乎别人对你的看法，就能解决 FOPO 问题。

解决 FOPO 最简单的方案有两个维度：（1）真心关爱他

人，为我们所属的社会结构做出贡献；（2）按照自己的意图、价值观和目标行事，这也能提升思想、促进行动，为他人和自己都创造上升的趋势。当我们关爱他人，同时朝自己的目标努力时，就不会有精力去担心别人对我们会有什么看法。

渴望建立联系

我上小学六年级时，我们家住在北加利福尼亚州。一天下午，妈妈问我："热尔韦，你还好吗？"

她经常这样关心我，但这一次有些不同，我很清楚她在问什么。我停顿片刻，回答道："不好。"

她没说话，而是等着我。我移开目光，想着如何克制将要夺眶而出的泪水，缓解喉咙发紧的感觉。为了打破沉默，我再次开口："不，我不好。"

她听出了我的情绪，等了一下，回复道："好吧，你怎么了？"

我不愿让她担心，想把那种难受当作转瞬即逝的感觉。但我还是决定说出来："我只是感觉心里有一个空洞，好像丢失了什么一样。就在这儿，这儿有个洞。"我指着胸口说："就像上帝不在这里，这儿空空的，什么也没有。"

我还是没有看她的眼睛，她说："好吧。"然后轻轻拉起我的手，把我拉到她怀里，给了我一个温暖的拥抱。她一只胳膊轻轻搂着我的背，一只手温柔地扶着我的后脑勺。我们什么也没说，只是比平常拥抱得久一些。就在那一刻，我突然就好了。

此后许多年里，我时常感到那种孤独，那种藏在心里的空洞感。表面上看一切都"挺好"，大多数时候，我也确实挺好。我没有过多去思考这种感受，只是知道它在那里。与此相关的是，我逐渐学会了应对其他3种情绪：兴奋——通过冲浪、滑板和滑雪等高强度冒险运动来追求刺激；焦虑——担心所有可能出错的事情；愤怒——将快速发脾气作为释放机制，以避免感到焦虑或悲伤。回想过去，我曾感到的空虚并不是抑郁，也不是青春期焦虑，而是一种我没有按我想要的方式与自己、与他人、与自然建立联系的意识。

个体独立导致自我分离

相信个体独立，没能意识到我们是更大整体的一部分，这就导致了现代社会独特的个体的自我分离现象。

在人类历史的大部分时间里，群体大于个人，集体需求及利益高于个人的需要和欲望。在人类历史早期，部落成员不可能完全按个人利益行事。将个人欲望升华为集体需求，并尊重集体规范和价值观，是生存的必要条件，但现代社会已然不同往昔。

21世纪，将人们连为一体的功能性纽带已经松动。生存威胁已大大减少，对群体保护的依赖也相应降低，"部落"不再为生存所必需。科技的发展削弱了人与人之间的直接关联。我们总是盯着手机，眼里没有彼此。我们不见面，而是通过短信联系。表情符号取代了面部表情和肢体语言等线索。"点赞"表示鼓励，"LOL"表示大笑，一颗"爱心"代替了一个温暖的拥抱。

地理流动性让我们能像玩跳房子游戏一样在一个个社区间进出。为了更有利的经济机会、更好的气候条件或更低的居住成本，我们搬家迁移，靠科技维持着联系的幻觉。

自我中心文化

在21世纪的西方文化中，我们把自我置于生活的中心，在这个过程里，将自我从整体中解放出来，不再通过集体去定义我是谁。人类历史发展到今天，自我崇拜达到了顶峰，而独立自我的观念过去从未在社会上占据如此重要的地位。个体取代团体或社区，成为社会的基本组成单位。个人的权利、需求和愿望神圣不可侵犯，我们透过自我中心的过滤器看待经济、法律和道德问题。自我的生活是个人的冒险，自我的目标是个人幸福和自我实现，自我所面对的问题始终是，我要做什么才能找到"我的"幸福？

从表面上看，法国哲学家、社会科学家阿莱克西·德·托克维尔于一个半世纪前对美国社会做出的评价如今似乎已经实现，他写道，大多数美国人"不再感到自己的命运与群体的共同利益紧密相连；每个人都远离他人，认为只有自己能照顾自己"。[5]

在自我文化中，我们认为成功与失败完全取决于个人的努力。"你可以改变世界"，这种想法或许会带来动力，但也可能不利于心理健康。我们认为自己是独立的自我，能掌控周围发生的事，包括那些我们无法控制的事情。但世事难料，生活不可预测。于是我们又加上主观的解释，认为事情发生总是因为我，因为我做了什么或没做什么。事情进展顺利之时，我们过于自信；而进展不顺之时，我们又陷入过度自责。我们常感觉自己不够好，好像自己内在的某些方面不讨人喜欢。我们将生活经历变成一场场对自己的考验和评判。因此，我们不断追求个人价值，逃避对自身不足的恐惧。我们奋力向前冲，只为逃避自我审判和他人的看法评价。

"冒充者综合征"是自我中心文化的产物，是对自我指向出于本能的无意识反抗。冒充者综合征患者通常拥有很高的成就，但他们倾向于把成功归于运气或努力，而不是个人能力。我们无法坦然接受自己的全部成就，内化自己的成功与失败、经验与教训，一方面对自己的能力或成就感到怀疑，另一方面担心他人也有同样的看法，害怕他人怀疑甚至拆穿自己。

随时需要证明或捍卫自我让我们与他人隔绝、疏远，也破坏了人和人的关系。如马克·曼森所言："一个人建立真诚关系的能力与他证明自我的需求成反比。"[6] 自我中心让人只关注个人需求的满足，而看不见他人，也无法建立真正的关系。在此过程中，我们时常与他人竞争，而非合作。我们没能信任他人并融入群体，而是将他人推开，陷入对他人意见的恐惧中。

自助行业的发展进一步助长了我们对自我的痴迷。我们完全专注于自己，漠视身边一切人和事物。书籍文章、博客视频、专家网红，我们被各种信息包围着，贪婪地寻找各类小妙招、小窍门，试图治愈童年创伤，或至少能提高自己在交友网站的匹配率。治疗疗程从几个月到几年，根本看不到终点。我们钻进童年的"兔子洞"，想了解自己的全部历史。我们不懈地在自己内心探索，找寻解开完整自我的钥匙。

将自我放在世界的中心，让我们与自己居住的星球隔绝开来。我们住在地球上，却自视高于地球，我们耗尽资源，破坏地球环境，让全球处于气温过高的危险之中。环境记者理查德·希夫曼诗意地描述了我们与自然世界的割裂脱节："我们滥用自然资源的行为核心是我们相信，人类本质上是自我的孤岛，与外部世界疏远隔离。禁锢于自我脑海中的小小神明，对外在发生的一切，不会有太强的责任感。"[7]

在自我中心的文化中，目的与意义都围绕个人展开。每个人都有责任找到自己独特的目标，仿佛与他人、与社会、与我们居住的星球无关。值得思考的问题是，我们真的只是为达目的才与他人相联系的独立个体吗？或者为集体关系服务才有意义？

自力更生思想

支撑自我中心文化的基石是自力更生的神话。为了让故事更精彩，并进行有效的品牌推广，我们编织了一个个自立自强的神话，却掩盖了一个基本事实：没有任何人能独自完成一切。我和一些世界上最伟大的独立运动员、艺术家、企业领导者一起工作。大家普遍认为伟大的壮举都需要强大的团队，需要团队成员彼此携手合作。史蒂夫·乔布斯、查尔斯·林德伯格、特蕾莎修女、哈丽特·塔布曼、斐迪南·麦哲伦、凡·高……孤独的天才靠个人纯粹的灵感、决心和才能改变世界历史的进程，这样的故事很精彩，但并不真实。

纽约大学教授斯科特·加洛韦指出了隐藏在神话背后的现实："是当地人的坚持不懈和辛勤劳作'解决'了边疆问题，而不是靠一名带着一把手枪和一包烟的白人英雄。牛仔都是穷人，他们拿着很低的薪水，做着沉闷又枯燥的工作，是好莱坞和麦迪逊大道把他们变成了持枪的英雄。同样地，硅谷奇迹也是建立在计算机芯片、互联网、鼠标、网页浏览器、GPS（全球定位系统）等政府资助项目的基础上。"[8]

自力更生和顽固的个人主义根植于西方心理文化之中，但我们还有更基本的需求：人类对归属感的需求。

对归属感的需求

1995年，两位著名的社会心理学家罗伊·鲍迈斯特和马克·利里发表了一篇里程碑式的文章，提出归属感不仅是一种渴望，还是一种需求，是深深扎根于人类内心的基本动机，它塑造了我们的思想、感觉和行为。[9]

在此之前，我们没有认识到归属感是人类社会行为背后的动机。鲍迈斯特和利里提出假设，对社会接纳和归属感的渴望可能是人类行为的核心动机，其力量超过任何其他动机。我们为什么要让自己对别人更有吸引力？为什么对别人好？为什么收获他人的"点赞"会感到开心？为什么要委屈自己去融入？为什么总是执着于他人对我们的看法？

鲍迈斯特和利里认为，形成和维持紧密联系有助于我们祖先的生存和繁衍。600万年前，一个人不可能独自在非洲大草原上生存下来。我们是靠组成群体才得以存活的。人们在群体中聚居，共同生长、觅食、寻找伴侣、照顾孩子，并更好地保护自己。

群居生活并不是全部挑战，人们首先必须获得群体的接纳，让其他人愿意接受他加入群体，成为团队中的一员。利里说："与加入群体的渴望相伴产生的是我们想要他人接受自己的渴望。"

数百万年来，对归属感的需求一直存在于人类大脑中。然而，我们的社会属性不只是需要获得接纳和归属感。生活的中心不是"我"，而是"我们"，这是人的天性。

人人相互关联

孤立的自我是一种虚构的概念，它让我们不仅与周围的世界隔绝，也与自己的内心世界隔绝。就像我 12 岁时的感觉一样，我们感到自己生活中缺少了什么，却不清楚究竟是什么。那是对联系的渴望，是看不见我们整体性的悲哀，也是感到自己独立于世的孤独。我们想确定自己有价值，想知道自己的归属，这种渴望无处不在却始终得不到满足。我们向外寻找答案，向他人寻求确认——我们很好，我们归属于比自己更大的整体。

不过，别人说什么或做什么都不重要。他们会告诉你他们爱你；他们让你加入团队，带你进入组织，邀请你参加聚会；他们在公司会议上向你致谢，在社交媒体上为你点赞，甚至可以向你求婚。但他们都无法让那种渴望消失，因为你相信自己是独立的自我,是一座属于自己的孤岛。任何人都无法给你你深深渴望的联系,只有你自己可以。

我们向外寻找的东西本就存在于我们内心。我们脱离了一个基本事实,即我们是天生的社会物种,与我们周围的每一个人、每一件事都息息相关。相互依赖才是生活的本质。[10]

我们的现实工作与生活相互交织,但彼此的联系远不止存在于实用层面。人和人的联系不仅仅是能向邻居借点儿盐,而是全球范围的相互依存。进化生物学家林恩·马古利斯写道:

> 达尔文最大的贡献是向我们表明,所有个体生物都在时间的长河里相互关联。无论是比较袋鼠和细菌,还是比较人类或蝾螈,他们都有着惊人的化学相似性……苏联地球化学家维尔纳茨基提出,生物体不仅在时间长河中彼此关联,还在同一空间里紧密联系。我们呼出的二氧化碳变成了植物的生命动力;反过来,植物排出的氧气给了我们生命……这种联系不局限于大气中的气体交换。生命息息相关,联系随处可见,想想生活在白蚁后肠中的原生生物,或生活在树木根茎里的真菌。鸟儿携带着真菌孢子从一棵树飞到另一棵树,它们的粪便为昆虫和微生物群落提供了生长的养分。当雨水落在粪便上,孢子溅回到树上,又开始了新的生命循环。[11]

我们在原子层面上相互关联，不可分割。

与整体相互关联

与大于自我的整体相联系，能帮助我们摆脱孤立自我的负面影响。融入大海，便不再是一摊容易干涸的水。

这多少有些违背直觉。当我们遇到困难时，我们的本能反应是将注意力放在自己身上，设法解决困扰自己的问题。然而，矛盾之处在于，当我们打开视野向外看而不是只专注于自我时，我们反而与内心深处的自己联系得更加紧密。我们越关注对整体的贡献，就越能感受到彼此的联系。我们越是放开自我，越能接近真实的自我。我们可以关注比自己更宏大的目标，如关心他人福祉或地球环境。

当我们将自己独特的优势与美德应用于比自己更伟大的事情中时，我们就会意识到庞大的生态系统是相互关联的整体，而自己只是其中的一部分，但这不是加入兄弟会或姐妹会那种进入一个群体的感觉。拥有大于自我的目标相当于打开了一扇门，让我们意识到万物深刻互联，而我们并不是一座孤岛。当注意力不再局限于狭隘的自我棱镜时，我们才能认识到，唯有在与他人的相互关联中我们才能理解自己的真实本质。

每日小练习

把自己从狭隘的自我棱镜中解放出来，培养为他人服务的美德。美德是积极的道德品质或具有高尚道德标准的行为。美德的发展使我们认识到，我们是一个相互关联的生态系统的一部分，这让我们将注意力从专注自我转移到关爱他人。我们不是孤立地学习美德，而是在家庭、学校、团队和工作等我们所属的群体中培养美德。

培养美德与学习一项运动或一种乐器一样，需要培训和练习。亚里士多德认为，我们反复做什么，就会成为什么。美德实践可以是内部思想或外部行为，理想情况下，两者可以同时进行。确定一个你想拥有的美德，并制订具体的计划。你可以从以下列表中选择，也可以自拟目标。如果你选择善良，问问自己，今天我可以做些什么来练习对他人和自己的善良？当一天结束时，给自己打个分，或者记下你在练习美德的过程中学到的东西，就这么简单。锻炼你的美德力。

早上：

- 写下你要练习的美德（可以连续多日重复同一件美德）

晚上：

- 记录一天中积极践行美德的时刻。
- 反思在美德练习中，对你而言特别具有挑战性的特殊时刻（如果有的话），想想你的自动反应，并思考将来面对类似事件可以做何反应。
- 列出激发你条件反射的可识别"绊线"，即心理学上的前因变量（例如我的直接下属在一对一会议上迟到）。
- 如果该情况再次发生，你希望自己做出怎样的反应，能更加符合你正在练习的美德？将自己的想法记录下来。
- 选择以下心理技巧，应用于美德练习中。你认为哪个技巧能帮助你更好地培养正在练习的美德？可以选择1~2个：呼吸训练、自信训练、正念训练、自言自语训练、乐观训练、增强整体恢复策略、深度专注训练。

下面是一份美德清单，它能帮你建立关联，走出自我的陷阱。

美德：

慷慨	创造力	感恩
勇气	宽容	耐心
正义	善良	毅力
服务	诚实	
谦卑	尊重	

第三部分　超越FOPO，重塑自我

11 挑战固有信念

观点是用来改变的,否则如何获得真理?

——拜伦

研究发现，我们倾向于忽视与自己所持信念不符的证据，但我们为什么会这样？[1]当根深蒂固的信念受到挑战时，改变固有想法为什么如此困难？在这个过程中，我们的大脑内部发生了什么？当有人反驳我们的核心观点时，大脑的哪些神经机制会被激活？南加利福尼亚大学大脑与创造力研究所的心理学助理研究教授乔纳斯·卡普兰冒险踏足高度敏感的政治信仰领域，试图找到答案。

卡普兰组织了一项研究，其研究对象是40个成年人，他们都认为自己是有坚定信念的政治自由主义者。[2]研究中，每个参与者按要求阅读8条反映他们政治信念的声明，例如，"美国应该削减军事预算"。在每条声明后，参与者会读到5条简短的反驳陈述，来挑战之前的观点并试图动摇他们的立场。阅读过程中，研究者用磁共振成像仪扫描他们的大脑。反驳的说辞，比如"俄罗斯拥有的现役核武器数量几乎是美国的两倍"，其设计旨在达到挑衅效果，而不一定符合事实。

该研究还要求参与者阅读一系列非政治性陈述，如"爱迪生发明了灯泡"等，并随后向他们展示相反的主张，旨在引起他们的怀疑，例如，"爱迪生的电灯泡发明专利被美国专利局认定无效，因为它是基于另一位发明家的工作成果"。

比起挑战固有的政治信念，对爱迪生历史角色的挑战可能相对不那么情绪化。研究人员将非政治性的陈述纳入其中，以观察大脑在处理两种挑战时是否存在差异。

个人信念与身份认知

研究发现，当参与者的固有信念受到挑战时，大脑中与身份认知（默认模式网络）、威胁反应（杏仁核）及情绪反应（岛叶皮质）相关的区域活动激增。对一种信念越坚定，杏仁核和岛叶活动越频繁。研究中，每个人都表示自己相信是爱迪生发明了电灯泡，但当他们面对相反的证据时，普遍接受了新信息，同时其相关的大脑区域活动信号减弱。

研究结果揭示了为什么他人的观点会让人感觉受到了威胁。对个人固有信念的挑战会激活大脑中与个人身份认知相关的区域。对参与者的政治观点的攻击被识别为对其身份和自我认知的攻击。对大脑而言，坚定的个人信念与自我身份认知不可区分。

大脑保护个人信念

面对威胁我们核心信念的观点，大脑的反应与面对人身安全威胁时如出一辙。大脑并不区分身体和自我意识，而是为它们提供同等的保护。当根植于我们身份认知的信念受到他人观点威胁时，负责保护我们的大脑系统会超速运转。如卡普兰所描述的那样："大脑的基本职责是照顾身体、保护身体。保护心理上的自我是大脑保护职责的延伸。当心理上的自我受到攻击时，我们的大脑会采取与保护身体一样的防御措施。"[3] 大脑不仅保护我们的身体安全，也保护我们的心理健康。"无论是身体的一部分，还是心中的信念，大脑只要认定它是自我的一部分，就会提供保护。"[4]

大脑对身份认知的重视可以在神经生物学中找到证据。在大脑中，负责保护我们身份认知的区域是额叶皮质的一部分——岛叶。如果你曾误吞一大口变质的牛奶，或者面包吃到一半才发现它已长满霉菌，又或者曾经打开一间室外厕所的门，结果里面臭气熏天，而你只希望自己没有打开过它，在这些时候，岛叶会被激活，腐臭的味道和气味会引发呕吐反射或反胃反应。神经信号传至面部和腹部肌肉，让我们条件反射地吐出有毒食物或清除令人不适的气味。

恶心感是一种在进化中形成的心理防御系统，它通过回避有害因素的行为来保护我们的身体免受感染。[5] 然而，人类的岛叶进一步进化，保护更为抽象的身份认知。我们的大脑岛叶既告诉我们远离腐坏食物，以使我们免受病原体侵害，也以同样的机制警告我们，抗拒大脑认为会伤害我们自我意识的信息。

当别人的观点挑战我们的固有信念，尤其是那些根植于自我意识的核心信念时，负责保护我们的神经网络就会启动。杏仁核甚至在我们意识到之前就控制了大脑，释放肾上腺素和皮质醇等应激激素，使我们的身体处于高度戒备状态。岛叶被激活，出于对个人信念的保护，我们的大脑时常选择忽略事实或重塑事实，使其与我们的固有信念相符。我们坚持自己的世界观，仿佛它是我们赖以生存的基础。

面对他人观点，审视固有信念

我们本能地保护自己的信念，但当我们不愿接受不同观点、不愿审视固有信念时，自我保护会带来种种问题。罗伯特·弗罗斯特的诗歌《修墙》体现了诗人深刻的思考，诗中探讨了分隔我们的障碍和信念，并呼唤在光明中审视这些信念。

两位邻居的土地间隔着一道围墙，每年春天，两人都在墙边举行一年一度的修墙仪式。诗中的叙述者不明白这道墙的意义所在，这里没有什么动物，墙两边只有松树和苹果树。

在我筑墙之前，
我会问问清楚，
圈进来的是什么？
圈出去的是什么？

每当叙述者想探究"为什么"要修这道墙，他的邻居就会念出他父亲传给他的那句话："好篱笆造出好邻家。"邻居无心思考自己的信念是否真的有意义，他漠然的回应让叙述者感到原始和粗鲁。

一手紧紧抓着一块石头，
像旧时器时代的野蛮人。
我感觉他身处黑暗之中，
那黑暗不仅是林间树荫。

面对别人的观点，捍卫自己的信念让我们感觉更好，但定期将信念置于光明之中审视检查是非常有意义的。有些信念曾在我们人生中的某个时段发挥了作用，否则我们不会接纳它们，但它们现在还对我们有益吗？花点儿时间思考一下，你是在什么时间接纳了那个信念,为什么接纳它?再想想它现在是否仍然对你有益。它能否帮你达成目标,让你过上憧憬的生活?或者,它是否限制了你的可能性?

当个人的固有信念受到挑战时,我们可以训练自己的大脑,让它认识到这不是威胁,而是机会。

每日小练习

现在,我们来试着做一个内省练习,它比听上去更具挑战性!好好完成它,因为它可能会帮助你打开内心世界,让你不再那么被动防御,并且能够发挥好奇心,摆脱僵化思维的控制。

花一点儿时间,写下一些你坚信正确的观念,然后再写下一些你不太确定的观念。现在,想想你是在人生中的哪些时刻、因为什么接纳了这些观念。在那时候,这些观念对你有什么帮助?接着,再思考一下,它们现在对你是否仍有帮助?你所坚守的观念能帮助你成为自己想成为的人吗?它能帮助你达成目标,让你过上憧憬的生活吗?它是否限制了你成长的可能性?

12 选择性听取意见

狮子不因犬吠而回头。

——非洲谚语

制定意见筛选标准

内特·霍布德-奇蒂克身高1.88米，体重近131.5千克。他身形魁梧，对生活有执着的追求，但作为一名橄榄球防守截锋，他的身材还不够高大。内特在美国国家橄榄球联盟打了4年，并在圣路易斯公羊队赢得了超级碗冠军。可惜，他在46岁不幸英年早逝。内特是我的好朋友，我们曾一起谈论精神生活，谈论如何成为最好的自己，如何更好地支持他人或挑战他人。他教会了我很多，我一直非常思念他。我仿佛还能听到他豪爽的笑声，感受到他充实的生活方式。他爱家庭，爱大家，爱生活。

内特跟我描述过，在他橄榄球生涯早期，一些教练是如何贬低、羞辱甚至威胁他的。"你太慢了！""我说过无数次了，你不可能再上一个台阶。""你为什么不退后半步？只是半步，不是一步！""你有病吗？"教练的情感虐待可能很难识别。一些运动员愿意忍受任何苛待，只要能帮他们获得成功。他们可能误认为这些虐待行为是教练有意帮助他们变得更好的信号。内特看穿了这一切，他对我说："迈克，你不知道当着朋友的面，不断被人大声吼骂是什么感觉。这是体育圈文化的一部分，但真的很打击人的自信。我根本不可能在这种环境中好好成长。"

内特在年少时就想出了一个聪明的办法——区分有助于他成长的观点和打击与伤害他的观点。他意识到，要想做得更好，他必须将刻薄的言辞和有价值的见解区分开来。他不能完全屏蔽教练，所以他选择竖起"滤网"。当教练走到他面前或是在球场边冲他大吼时，他会透过滤网接收能帮助他进步的信息，过滤掉轻蔑和消极的内容。

有了这道滤网，内特跳出本能反应的陷阱，不再条件反射式地接受或拒绝一个观点，而是对过程有所控制。在做出回应之前，他可以按下暂停键，评估他人观点中有意义的信息。

是的，对他人意见做出反应的第一步，就是不要急着做出反应。先停下来，深吸一口气。

对他人观点竖起"滤网"，然后呢？我们如何辨别哪些观点能帮助我们学习和成长，哪些观点会深深伤害我们，甚至留下多年都挥之不去的心理阴影呢？

我们面对他人观点时，时常掉入二选一的陷阱之中，要么认为每个人的意见都非常重要，要么又偏向另一极端，表示自己完全不在乎别人的意见。看上去这是两个极端，实际上它们殊途同归。一方面，我们如果认为每个人的意见都很重要，就会担心自己的表现，因而不敢放开自我，不敢承认自己的脆弱，失去勇于冒险和突破的能力。另一方面，当我们不在乎别人的想法时，我们就会违反神经生物学本能，违背人类的社会属性。无论选择哪一边，我们最终都会与周围的人断开联系。

在《掌控之路》播客上，我与知名学者兼作家布勒内·布朗讨论了另一种选择，既忠于自我，又符合我们固有的社会属性。布朗认为："我们的任务是明确谁的意见是重要的，并找到爱你的人。他们不是因为爱你而包容你的脆弱和不完美，相反，他们正是因为你的脆弱和不完美，因为你是你，而真正爱你。"

布朗筛选重要意见的基本过滤标准是，提出意见的人必须站在竞技场上。直面生活，勇于追求，不断努力，屡败屡战，"脸上沾满尘灰、汗水与鲜血"，这样的人的意见才可能有意义。相反，那些因惧怕无法控制结果而不敢踏上舞台，却坐在台下的廉价座位上大声"谩骂和批评"的懦夫，他们的意见永远都不重要。

组建圆桌会议

内特的滤网提醒我们，我们最终要控制的不是别人的意见，而是我们接收哪些意见，以及如何处理这些意见。这就引出了问题：我们应该相信谁的意见？又如何辨别诚实、准确且有用的信息？

你可以先制定合适的筛选策略，不要等到面对意见时才临时做出反应。首先，召开自己的圆桌会议，选择你信任的人，他们的意见对你十分重要，可以是家人、朋友、导师或专家，人数不要太多，2~10个。你的圆桌成员虽不是亚瑟王的骑士，但他们应该拥有骑士精神，愿意并且有能力为你提供有帮助的意见。

要想圆桌会议顺利、有效，先确保会上每个人都真心支持你、保护你。布置圆桌时，问问自己，谁会支持你？谁真正理解你，不只是那个精致包装后的你，而是那个拼搏奋斗、脆弱无助、努力生活的你？谁忠于真理？谁以诚待人？谁的生活方式令你肃然起敬？

你的圆桌会议可能会成为你生活中最重要的反馈回路，但这并不表示只有圆桌成员的意见才能影响你。无论我们喜欢与否，我们每一天都会被来自朋友、家人、同事、合作伙伴、教练、队友、公众人物、品牌、机器人和陌生人的各种观点淹没。如果我们要对每个人的意见都做出回应，留给自己思考的空间就太少了。生活会变成一场打地鼠游戏，让我们应接不暇，忙于应付别人的种种意见。但如果我们完全屏蔽他人的意见，又会错过有价值的信息和了解自己的机会。实际上，我们也不可能做到完全屏蔽他人意见。总有一些意见会穿过滤网，让我们听见它们的声音,也让我们有机会更加了解自己。

每日小练习

当你对某人的意见产生强烈的情绪反应时,无论是积极反应还是消极反应,你都要多加注意。抵抗、推翻或压制这一情绪反应的诱惑。你对他人意见的反应,实际上映射出你自己的内心世界。那个意见是否证实了你一贯的想法,令你感到极度舒适?或者它是否激活了你的生存反应,劫持你的理性,让你的身体条件反射地做出战斗、逃跑或冻结的准备?无论你如何回应接收到的意见,重要的是理解自己的反应。

当你面对一个你无法动摇或反复出现的观点时,你可以利用圆桌会议的智慧。把它告诉你最信任的人,看看他们是否跟你观点一致,并跟他们一起讨论、探索。

收到他们的反馈后,你要好好反思。FOPO 建立在我们无法信任自己的幻觉之上。找一个可以自由思考的地方,卧室里、橡树下或星巴克角落里那把舒适的椅子上,好好想一想,探索自己的反应和真实想法,明白自己在捍卫什么、拥抱什么。

13 珍惜每一天

你要像即将死去一样活着,像那样去做每一件事,说每一句话,追求每一个向往。

——马库斯·奥勒留

为自己而活

澳大利亚人布朗尼·韦尔做了 8 年的家庭护工,专门照顾即将死去的人。她的客户都知道自己病得很重,其中大多数人都处于临终前最后的 3~12 周。她帮助他们料理那些他们自己很难完成的事情:洗澡、准备饭菜、擦屁股、整理药物等。然而,她慢慢意识到,她最重要的角色不是身体上的照顾,而是精神上的陪伴。她是他们的倾听者。

她聆听病人在生命尽头的倾诉,德裔美国心理学家艾瑞克·埃里克森将其描述为"对迄今为止整个生命的回顾"。[1] 埃里克森认为,在人类发展的第 8 个阶段,也是最后一个阶段,人们倾向于回顾他们在过往生活中做过的事情,反思他们是否满意自己的生活方式和自己的为人。他们要么带着满足感,要么带着遗憾和绝望离开这个世界。

布朗尼·韦尔整理了他们的临终回顾。她照顾的病人大多带着遗憾走到生命尽头，相比之下，没有遗憾的人非常少。几乎所有遗憾都来自缺乏追求理想生活的勇气。他们希望自己有勇气忠于自己，过自己想要的生活，而不是过别人期望他们过的生活。

我再重复一次，人在生命尽头最大的遗憾就是为了别人的认可而活。当聚会走向尾声，人们带着他们的观点各自散去，你会质疑，那是你的生活，你为何要给他们那么大的权力去影响你的生活。

追求内心的真正需求

获得诺贝尔奖的经济学家丹尼尔·卡尼曼和一个科学家团队在 2004 年的《科学》杂志上发表了一项研究，强调了这一观点。[2] 他们让 900 名女性各自填写一份长长的日志和问卷，详细记录她们的日常活动，并对每次经历中的一系列感受，如快乐、不耐烦、沮丧、担心、疲倦等，进行 7 分制评分。研究人员根据女性对自己快乐和幸福感的评分，比较她们从每项日常活动中获得的满足感。

按常理推测，参与者自愿选择的活动会给她们带来最大的满足感。她们如果主动选择做一件事，就一定会享受它，对吧？然而，不完全对。这些女性表示从冥想、祈祷、去教堂等精神活动中获得的满足感比看电视要多，但她们花在电视屏幕前的时间是从事那些更令她们满足的活动的 5 倍。

珍惜时间，专注于能掌控的事情

我们实际做出的选择与自己想要的选择不符，这是为什么呢？因为我们没有意识到，一切事物中，最宝贵的是时间。

我们活得好像自己会永远活下去一样。跟朋友分别时，我们总是说"再见"，好像一定会再见面。但我们都知道，总有一天，这句狂妄自信的"再见"将无法实现。在西方文化中，我们总认为死亡遥不可及，它仿佛总是发生在别人身上。我们都知道自己终有一死，但我们不认为它会发生在今天、下周或明年。在我们对生命的看法中，死亡总是遥远而虚幻的，并不真实存在于可预测的未来里。

生活没有计时钟的代价是，很容易偏离自己的价值观。

稀缺性是行为科学领域被广泛接受的原则。当一种资源数量有限时，我们会更加重视它。注定的死亡造成生命的稀缺性。我们在这个星球存活的时间有限，如何利用时间是我们一生中最有意义、最关键的决定。

意识到自己终有一死，会从根本上改变我们重视什么，以及我们如何利用自己的时间，还会向我们揭示，种种社会文化所认可的追求实际上虚浮又空洞。你的帖子在社交媒体得到的回应真的很重要吗？你发不发那篇帖子重要吗？你开什么车重要吗？今天你的发型好坏重要吗？你比多数人聪明一点点，很重要吗？智力高一点儿或低一点儿，身材好一些或坏一些，很重要吗？一群朋友把你排除在他们的社交圈外，那又怎么样？就算他们让你加入，你真的想跟他们一起度过你宝贵的时光吗？

人生苦短，时间有限，充分接受这一事实会让我们的价值观更加清晰，让我们看清什么才是最重要的。当飞机突然颠簸下坠，我们感到害怕时，我们不会想起自己在婚礼上结结巴巴的发言，也不会想起被公司解雇时的尴尬。当皮肤科医生告知我们，身上的不规则斑块看起来像是癌前病变，需要进行活检时，我们并不会想到自己在同事面前精心维持的精英形象。

生活前景突然中断，甚至可能会永远停下，这极大地改变了我们如何看待时间的价值和我们所重视的东西。我们的思想流向自己深切关心的事物。在那些时刻，对死亡的意识如同清洁剂，冲刷掉一切，只留下最为重要的东西。

回到电影《搏击俱乐部》，泰勒·德登用枪指着便利店职员雷赫塞尔·赫塞尔，告诉赫塞尔他的生命到期了。随着德登翻看赫塞尔的钱包，观众得以窥见赫塞尔遗憾又沮丧的人生故事。赫塞尔甘于平庸的生活，没有动力去改变它。看到他过期的学生证，德登扣着扳机，问道："你那时候想做什么？"赫塞尔结结巴巴地回答:"想做一名兽医。"他曾经想做一名兽医,因为太困难,最终放弃了。德登说他要留着赫塞尔的驾照,他知道他的住址,6 周后他会回来看看,如果赫塞尔还没开始为成为一名兽医而努力,他就杀了他。

没有人需要"搏击俱乐部"式的启示,但它传递的信息十分明确。德登强迫赫塞尔面对死亡,试图唤醒他,也提醒我们,人生没有时间可以浪费。

2005 年,苹果公司创始人兼首席执行官史蒂夫·乔布斯在斯坦福大学毕业典礼上致辞,真诚地表达了类似的观点。乔布斯在 2003 年确诊患有一种罕见的胰腺癌,演讲时他的癌症已经治愈。

> 记得自己即将死去,这是我一生中遇到的最重要的箴言,它帮我做出了人生中的重大选择。因为几乎所有事情,所有荣誉和骄傲,所有对尴尬和失败的恐惧,这一切在死亡面前会全部消散,只留下真正重要的东西。我们总是担心自己会失去什么,记住你即将死去,这是我所知道的避免陷入对失去的恐惧这一陷阱的最佳方法。你已经一无所有,没有任何理由不追随自己内心的声音⋯⋯
>
> 你们的时间很有限,不要浪费时间去过别人的生活。不要被教条束缚,受困于其他人思考的结果。不要让外界

喧嚣的观点掩盖你内心的声音。最重要的是，你要有勇气跟随自己的心意，相信自己的直觉——它们知道你想要成为什么样的人，而其他所有事情都是次要的。[3]

乔布斯意识到自己终有一死，这给予他自由与勇气，按自己的方式去生活。罗马皇帝、斯多葛派哲学家马库斯·奥勒留更简洁地表达了这一观点："你可以现在就跟生活告别。让它（面对死亡）帮你决定你要做什么、说什么、想什么。"

在所有哲学流派中，斯多葛主义尤其重视反思我们注定的死亡结局。斯多葛派教导说，经常思考死亡可以极大地提高我们的日常生活质量，这几乎与常识相悖。

1991年，我的本科哲学教授约翰·珀金斯向我介绍了斯多葛主义，我立刻就被斯多葛主义第一原则那不可思议的实用性吸引。对斯多葛派而言，思考死亡的必然性并不可怕，反倒是一种驱动力，让人感恩所拥有的时间，珍惜每一天，并明智地利用珍贵的时间。他们的方法非常明确，那就是不要把时间花在我们无法改变的事情上，比如死亡、他人的意见等；而要将注意力集中在我们完全能控制的事情上，如自己的思想、言语和行动。掌控的第一准则是自内而外的行动，其标志是努力掌控自己能控制的、与个人道德及人生目标相符的事物。我们想怎么活比能活多久重要得多。

古罗马政治家、斯多葛派哲学家塞涅卡在《论生命的短暂》中写道：

并非人生短暂，而是我们浪费太多。生命的长度已经足够慷慨，只要全身心投入，就足以成就最伟大的理想。然而，当它被奢侈地挥霍于漫不经心之中，浪费在无所事事之间，到最后，面对生命必然的结束，我们才恍然发现，它已在不知不觉间流逝。[4]

杰夫·贝佐斯运用类似视角看待亚马逊公司。2015年，在西雅图的一次会议上，贝佐斯被问到公司的未来会怎样，当时许多大型零售商已经破产。贝佐斯回答说："亚马逊并不是大到不能倒闭。事实上，我预测总有一天亚马逊会失败破产。你看看所有的大公司，它们的寿命大多不过30多年，而不是100多年。"[5]

贝佐斯提醒股东和员工亚马逊的生命是有限的，并不是为了制造恐慌。相反，他鼓励员工拥有这种意识，从而放下对竞争对手的焦虑，专注于他们能控制的事情——为顾客服务。

思考死亡，积极生活

我们可能会认为，对死亡的提醒会让人陷入存在主义的恐慌，但事实并非如此。心理学家内森·德沃尔和罗伊·鲍迈斯特进行了3个实验，以观察人们在思考自己的死亡时的反应。在参与实验的432名大学生志愿者中，大约一半人被要求思考死亡是什么感觉，并写下一篇文章，描述在他们的想象中死亡时会发生什么。另一半人则被要求思考并写下牙痛的感受。

当志愿者沉浸在关于死亡和临终的想象中时，研究人员对他们进行了一系列单词测试，用于挖掘他们的无意识情绪。他们被要求选择字母以将不完整的单词片段补充完整，例如 jo_ 和 ang_ _。有些填词能体现中性或积极的情绪反应，比如 jog（慢跑）或 joy（快乐）；有些则体现中性或消极情绪，比如 angle（角度）或 angry（愤怒）。测试结果反映了他们潜意识的感受。

研究人员发现，思考自己的死亡并没有让学生们陷入绝望，反而让他们变得更快乐。与牙痛组相比，他们的潜意识产生了更多积极的词语联想与感受。研究人员认为，这是一种心理免疫反应，能保护我们，使我们免受死亡的威胁。

人生不留遗憾

我们不知道自己的肉体还能存活多久，一起来做个临终计划吧，就像死亡即将来临一样。

你想知道等到生命尽头你会后悔什么吗？只需要问问自

己，你现在后悔什么。如果你现在希望自己有时间多陪陪两岁的女儿，那么40年后你可能有着同样的遗憾。如果你后悔选择了熟悉又安逸的工作，没有去追逐心中的理想，那么到生命的终点，你可能仍然抱着同样的遗憾。现在和那时最大的区别在于，现在你还可以做些什么。

在你生命的每一刻，你都可以选择是否要困在 FOPO 的游戏中。你要把宝贵的时间都花费在担心他人的看法上吗？你来到这个世界，只拥有如此短暂的光阴，你打算活在他人意见的阴影之中吗？你打算浪费自己的时光去担忧他人的看法，纠结别人认为你应该说什么、做什么吗？

每日小练习

这个练习非常简单。当你跟别人说再见时，要像你再也见不到他们一样，表达你有多珍惜和感激你们一起度过的时光。

今天从一个人开始，明天从两个人开始，以此类推，直到它成为你日常生活的一部分。

承认并拥抱生命的脆弱能帮助我们培养感恩之心，让我们真挚地感激在这个不可思议的星球上，在我们短暂的生命时光里，那些出现并为我们带来美好的人。

注释

引言

1. Cal Callahan, "Lauren Bay-Regula: Life as an Olympian, Mom, and Entrepreneur," January 28, 2020, *The Great Unlearn* podcast, https://podcasts.apple.com/us/podcast/the-great-unlearn/id1492460338?i=1000463898379.
2. 当我们说人类潜在的最大制约因素时，我们承认，对死亡、饥饿和失业的恐惧是更大的制约因素。这本书讲述的是我们的生活质量，而不是生存。
3. Scott Barry Kaufman, "Sailboat Metaphor," https://scottbarrykaufman.com/sailboat-metaphor.
4. Michael Gervais, "How to Stop Worrying about What Other People Think of You," hbr.org, May 2, 2019, https://hbr.org/2019/05/how-to-stop-worrying-about-what-other-people-think-of-you.
5. Lauren Regula, Instagram post, September 7, 2022.

1 贝多芬的秘密

1. 引文和译文参见 Alexander Wheelock Thayer, *The Life of Ludwig van*

Beethoven: Vol. 1 [1866], ed. Henry Edward Krehbiel (New York: The Beethoven Association, 1921), 300。
2. Thayer, *Life of Beethoven*, 300.
3. 《海利根施塔特遗嘱》是贝多芬于1802年10月6日写给兄弟卡尔和约翰的信，参见 http://www.lvbeethoven.com/Bio/BiographyHeiligenstadtTestament.html。
4. Jan Swafford, *Beethoven: Anguish and Triumph; A Biography* (Boston: Houghton Mifflin Harcourt, 2014), 428; H. C. Robbins Landon, *Beethoven: A Documentary Story* (New York: Macmillan, 1974), 210. Lichnowsky's physician, Dr. Anton Weiser, tells the story of when Beethoven was offended by being asked to play the violin at a dinner.
5. Swafford, *Beethoven*, 21.
6. Swafford, *Beethoven*, 53.
7. Franz Wegeler and Ferdinand Ries, *Beethoven Remembered: The Biographical Notes of Franz Wegeler and Ferdinand Ries* (Salt Lake City, UT: Great River Books, 1987), 39.
8. Swafford, *Beethoven*, 98–99.
9. Swafford, *Beethoven*, 128. "他的天赋之一是狂想，这种能力让他遁入内心世界，超越周围的一切人和事，也超越了无数困扰他的苦难。他在钢琴键上即兴演奏，甚至在同伴中也能找到孤独。"
10. Swafford, *Beethoven*, 98–99.
11. 《海利根施塔特遗嘱》。
12. David Ryback, *Beethoven in Love* (Andover, MA: Tiger Iron Press, 1996). 引自贝多芬1817年的作品。
13. Nicholas Cook, *Beethoven: Symphony No. 9* (Cambridge, UK: Cambridge University Press, 1993).

2　FOPO 的运作机制

1. Michael Gervais, "Tune Up Your Mind—A Music Legend's Journey

of Self-Evolution," *Finding Mastery* podcast, June 28, 2023, https://findingmastery.com/podcasts/moby-lindsay/.
2. 这与奥地利精神病学家、大屠杀幸存者维克多·弗兰克尔常说的一句话不谋而合："在刺激和反应之间有一个空间。在这个空间里，我们有能力选择我们的反应。在我们的反应中，有我们的成长和自由。"
3. Mark Leary, "Is It Time to Give Up on Self-Esteem?," The Society for Personality and Social Psychology, May 9, 2019, https://spsp.org/news-center/character-context-blog/it-time-give-self-esteem.

3　产生恐惧的主要原因

1. N. C. Larson et al., "Physiological Reactivity and Performance Outcomes under High Pressure in Golfers of Varied Skill Levels," oral presentation to the World Scientific Congress of Golf, Phoenix, AZ, March 2012.
2. Thomas Hobbes, *Leviathan*, part 1, chapter 13, page 58.
3. W. B. Cannon, *Bodily Changes in Pain, Hunger, Fear, and Rage: An Account of Recent Researches into the Function of Emotional Excitement* (New York: D. Appleton and Company, 1915); Keith Oatley, Dacher Keltner, and Jennifer M. Jenkins, *Understanding Emotions*, 2nd ed. (Hoboken, NJ: Wiley-Blackwell Publishing, 2006).
4. Cannon, *Bodily Changes in Pain, Hunger, Fear, and Rage*.
5. Cannon, *Bodily Changes in Pain, Hunger, Fear, and Rage*.
6. Cannon, *Bodily Changes in Pain, Hunger, Fear, and Rage*.
7. Cannon, *Bodily Changes in Pain, Hunger, Fear, and Rage*.
8. Stephanie A. Maddox, Jakob Hartmann, Rachel A. Ross, and Kerry J. Ressler, "Deconstructing the Gestalt: Mechanisms of Fear, Threat, and Trauma Memory Encoding," *Neuron* 102, no. 1 (2019): 60–74.
9. Joseph E. LeDoux, "Coming to Terms with Fear," *PNAS* 111, no. 8 (2014): 2871–2878.
10. Josephine Germer, Evelyn Kahl, and Markus Fendt, "Memory Generaliza-

tion after One-Trial Contextual Fear Conditioning: Effects of Sex and Neuropeptide S Receptor Deficiency," *Behavioural Brain Research* 361, no. 1 (2019): 159–166; Kim Haesen, Tom Beckers, Frank Baeyens, and Bram Vervliet, "One-Trial Overshadowing: Evidence for Fast Specific Fear Learning in Humans," *Behaviour Research and Therapy* 90 (2017): 16–24.

11. Roy F. Baumeister, Ellen Bratslavsky, Catrin Finkenauer, and Kathleen D. Vohs, "Bad Is Stronger Than Good," *Review of General Psychology* 5, no. 4 (2001): 323–370.
12. Arun Asok, Eric R. Kandel, and Joseph B. Rayman, "The Neurobiology of Fear Generalization," *Frontiers in Behavioral Neuroscience* 12 (2019).
13. David Watson and Ronald Friend, "Measurement of Social-Evaluative Anxiety,"*Journal of Consulting and Clinical Psychology* 33, no. 4 (1969): 448–457.

4　FOPO 的滋生地：身份认知

1. David Fleming, "Before 'The Last Dance,' Scottie Pippen Delivered Six Words of Trash Talk That Changed NBA History," ESPN, May 15, 2020, https://www.espn.com/nba/story/_/id/29166548/before-last-dance-scottie-pippen-delivered-six-words-trash-talk-changed-nba-history.
2. Nina Strohminger, Joshua Knobe, and George Newman, "The True Self: A Psychological Concept Distinct from the Self," *Association for Psychological Science* 12, no. 4 (2017): 551–560.
3. Michael A. Hogg and Dominic Abrams, *Social Identifications: A Social Psychology of Intergroup Relations and Group Processes* (London: Routledge, 1998).
4. *Fight Club*, directed by David Fincher, 1999.
5. Lewis Carroll, *Alice's Adventures in Wonderland* (New York, Boston: T. Y. Crowell & Co., 1893).

6. APA 心理学词典。
7. Paul Blake, "What's in a Name? Your Link to the Past," BBC, April 26, 2011, https://www.bbc.co.uk/history/familyhistory/get_started/surnames_01.shtml.
8. Zygmunt Bauman, "Identity in the Globalising World," *Social Anthropology* 9, no. 2 (2001): 121–129; Anthony Giddens, *The Consequences of Modernity* (Stanford, CA: Stanford University Press, 1991).
9. Jeffrey J. Arnett, "The Psychology of Globalization," *American Psychologist* 57, no. 10 (2002): 774–783.
10. Michael Lipka, "Why America's 'Nones' Left Religion Behind," Pew Research Center, August 24, 2016, https://www.pewresearch.org/fact-tank/2016/08/24/why-americas-nones-left-religion-behind/.
11. 马尔科姆·格拉德威尔推广的"一万小时定律"与安德斯·爱立信关于培养专业技能的原创研究并不一致。
12. Nadia Shafique, Seema Gul, and Seemab Raseed, "Perfectionism and Perceived Stress: The Role of Fear of Negative Evaluation," *International Journal of Mental Health* 46, no. 4 (2017): 312–326.
13. 2021年3月9日与霍尔特伯格博士的对话。
14. Albert Bandura, *Self-Efficacy: The Exercise of Control* (New York: W. H. Freeman and Company, 1997), 3.
15. Michael Gervais, "Missy Franklin on Being a Champion in Victory and Defeat," *Finding Mastery* podcast, December 4, 2019, https://podcasts.apple.com/kw/podcast/missy-franklin-on-being-a-champion-in-victory-and-defeat/id1025326955?i=1000458624052.
16. Benjamin W. Walker and Dan V. Caprar, "When Performance Gets Personal: Towards a Theory of Performance-Based Identity," *The Tavistock Institute* 73, no. 8 (2019): 1077–1105.
17. Joseph Campbell, *Reflections on the Art of Living: A Joseph Campbell Companion* (New York: Harper Perennial, 1995).

18. Dan Gilbert, "The Psychology of Your Future Self," TED talk, 2014, https://www.ted.com/talks/dan_gilbert_the_psychology_of_your_future_self.
19. Jordi Quoibach, Daniel T. Gilbert, and Timothy D. Wilson, "The End of History Illusion," *Science* 339, no. 6115 (2013): 96–98.
20. Robbie Hummel and Jeff Goodman, "Jim Nantz Joins 68 Shining Moments to Discuss His Most Famous Calls, Giving Out Ties and His Favorite March Memories," *68 Shining Moments* podcast, March 2021, https://open.spotify.com/episode/3EbQCv7eHwSdVOQCPqQUeL.

5 自我价值判断对 FOPO 的影响

1. William James, "The Conscious Self," in William James, *The Principles of Psychology*, vol. 1 (Boston: Harvard University Press, 1892).
2. Jennifer Crocker and Connie T. Wolfe, "Contingencies of Self-Worth," *Psychological Review* 108, no. 3 (2001): 593–623.
3. Crocker and Wolfe, "Contingencies of Self-Worth."
4. Jennifer Crocker, "The Costs of Seeking Self-Esteem," *Journal of Social Issues* 58, no. 3 (2002): 597–615.
5. Crocker, "The Costs of Seeking Self-Esteem."
6. Charles S. Carver and Michael F. Scheier, *On the Self-Regulation of Behavior* (Cambridge, UK: Cambridge University Press, 1998); Jennifer Crocker and Lora E. Park, "Seeking Self-Esteem: Construction, Maintenance, and Protection of Self-Worth," University of Michigan working paper, January 1, 2003.
7. Roy F. Baumeister, Ellen Bratslavsky, Mark Muraven, and Dianne M. Tice, "Ego Depletion: Is the Active Self a Limited Resource?," *Journal of Personality and Social Psychology* 74, no. 5 (1998): 1252–1265; Roy F. Baumeister, Brad J. Bushman, and W. Keith Campbell, "Self-Esteem, Narcissism, and Aggression: Does Violence Result from Low Self-Esteem

or from Threatened Egotism?," *Current Directions in Psychological Science* 9, no. 1 (2000): 26–29; Michael H. Kernis and Stefanie B. Waschull, "The Interactive Roles of Stability and Level of Self-Esteem: Research and Theory," in Mark P. Zanna (ed.), *Advances in Experimental Social Psychology*, vol. 27 (Cambridge, MA: Academic Press, 1995), 93–141.

8. Rick Hanson, *Buddha's Brain: The Practical Neuroscience of Love, Happiness and Wisdom* (Oakland, CA: New Harbinger Publications, 2009).

9. Albert Bandura, *Social Learning Theory* (Englewood Cliffs, NJ: Prentice Hall, 1977).

10. Avi Assor, Guy Roth, and Edward L. Deci, "The Emotional Costs of Parents' Conditional Regard: A Self-Determination Theory Analysis," *Journal of Personality* 72, no. 1 (2004): 47–88.

11. Ece Mendi and Jale Eldeleklioğlu, "Parental Conditional Regard, Subjective Well-Being and Self-Esteem: The Mediating Role of Perfectionism," *Psychology* 7, no. 10 (2016): 1276–1295.

12. Dare A. Baldwin and Louis J. Moses, "Early Understanding of Referential Intent and Attentional Focus: Evidence from Language and Emotion," in Charlie Lewis and Peter Mitchell (eds.), *Children's Early Understanding of Mind: Origins and Development* (Hillsdale, NJ: Lawrence Erlbaum Associates, 1994), 133–156; Richard M. Ryan, Edward L. Deci, and Wendy S. Grolnick, "Autonomy, Relatedness, and the Self: Their Relation to Development and Psychopathology," in Dante Cicchetti and Donald J. Cohen (eds.), *Developmental Psychopathology, Volume 1: Theory and Method* (Hoboken, NJ: John Wiley and Sons, 1995), 618–665; Susan Harter, "Causes and Consequences of Low Self-Esteem in Children and Adolescents," in Roy Baumeister (ed.), *Self-Esteem: The Puzzle of Low Self-Regard* (New York: Plenum Press, 1993), 87–116.

13. Tim Kasser, Richard M. Ryan, Charles E. Couchman, and Kennon M. Sheldon, "Materialistic Values: Their Causes and Consequences," in Tim

Kasser and Allen D. Kanner (eds.), *Psychology and Consumer Culture: The Struggle for a Good Life in a Materialistic World* (Washington, DC: American Psychological Association, 2004), 11–28.
14. Rory Sutherland, "Life Lessons from an Ad Man," TED talk, 2008, https://www.ted.com/talks/rory_sutherland_life_lessons_from_an_ad_man.

6　FOPO 的神经生物学原理

1. Timothy D. Wilson et al., "Just Think: The Challenges of the Disengaged Mind," *Science* 345, no. 6192 (2014): 75–77.
2. 不要与20世纪80年代的电子乐队 Depeche Mode 混淆。
3. Marcus Raichle interviewed by Svend Davanger, "The Brain's Default Mode Network—What Does It Mean to Us?," *The Meditation Blog*, March 9, 2015, https://www.themeditationblog.com/the-brains-default-mode-network-what-does-it-mean-to-us/.
4. Randy L. Buckner, "The Serendipitous Discovery of the Brain's Default Network," *Neuroimage* 62 (2012): 1137–1147.
5. Marcus E. Raichle and Abraham Z. Snyder, "A Default Mode of Brain Function: A Brief History of an Evolving Idea," *Neuroimage* 37 (2007): 1083–1090.
6. Raichle interview, "Brain's Default Mode."
7. Marcus E. Raichle and Debra A. Gusnard, "Appraising the Brain's Energy Budget," *PNAS* 99, no. 16 (2002): 10237–10239; Camila Pulido and Timothy A. Ryan, "Synaptic Vesicle Pools Area Major Hidden Resting Metabolic Burden of Nerve Terminals," *Science Advances* 7, no. 49 (2021).
8. Matthew A. Killingsworth and Daniel T. Gilbert, "A Wandering Mind Is an Unhappy Mind," *Science* 330, no. 6006 (2010): 932.
9. Barbara Tomasino, Sara Fregona, Miran Skrap, and Franco Fabbro, "Meditation-Related Activations Are Modulated by the Practices Needed

to Obtain It and by the Expertise: An ALE Meta-Analysis Study," *Human Neuroscience* 6 (2012); Judson A. Brewer et al., "Meditation Experience Is Associated with Differences in Default Mode Network Activity and Connectivity," *PNAS* 108, no. 50 (2011): 20254–20259.

10. Jon Kabat-Zinn, "Some Reflections on the Origins of MBSR, Skillful Means, and the Trouble with Maps," *Contemporary Buddhism* 12, no. 1 (2011): 281–306.

11. Jon Kabat-Zinn, "Mindfulness-Based Interventions in Context: Past, Present, and Future," *Clinical Psychology: Science and Practice* 10, no. 2 (2003): 144–156.

7 聚光灯效应

1. Thomas Gilovich, Victoria H. Medvec, and Kenneth Savitsky, "The Spotlight Effect in Social Judgment: An Egocentric Bias in Estimates of the Salience of One's Own Actions and Appearance," *Journal of Personality and Social Psychology* 78, no. 2 (2000): 211–222.
2. Gilovich, Medvec, and Savitsky, "Spotlight Effect in Social Judgment."
3. Gilovich, Medvec, and Savitsky, "Spotlight Effect in Social Judgment."
4. Thomas Gilovich, "Differential Construal and the False Consensus Effect," *Journal of Personality and Social Psychology* 59, no. 4 (1990): 623–634.
5. Amos Tversky and Daniel Kahneman, "Judgment under Uncertainty: Heuristics and Biases," *Science* 185, no. 4157 (1974): 1124–1131.

8 别人在想什么

1. "Theory of Mind," Harvard Medical School News and Research, January 27, 2021, https://hms.harvard.edu/news/theory-mind.
2. William Ickes, "Everyday Mind Reading Is Driven by Motives and Goals," *Psychological Inquiry* 22, no. 3 (2011): 200–206.
3. Nicholas Epley, *Mindwise: Why We Misunderstand What Others Think,*

Believe, Feel, and Want (New York: Vintage, 2015).
4. Epley, *Mindwise*.
5. Belinda Luscombe, "10 Questions for Daniel Kahneman," *Time*, November 28, 2011, https://content.time.com/time/magazine/article/0,9171,2099712,00.html.
6. Tal Eyal, Mary Steffel, and Nicholas Epley, "Perspective Mistaking: Accurately Understanding the Mind of Another Requires Getting Perspective, Not Taking Perspective," *Journal of Personality and Social Psychology* 114, no. 4 (2018): 547–571.
7. Dale Carnegie, *How to Win Friends and Influence People* (New York: Simon & Schuster, 2009).
8. Nicholas Epley, "We All Think We Know the People We Love. We're All Deluded," *Invisibilia*, NPR, March 22, 2018, https://www.npr.org/sections/health-shots/2018/03/22/594023688/invisibilia-to-understand-another-s-mind-get-perspective-don-t-take-it.
9. V. S. Ramachandran, *A Brief Tour of Human Consciousness* (New York: Pi Press, 2004), 3.
10. Epley, "We All Think We Know the People We Love."
11. Erving Goffman, *The Presentation of Self in Everyday Life* (New York: Anchor Books, 1959).

9 我们所见乃自我本身

1. Leo Benedictus, "#Thedress: 'It's Been Quite Stressful to Deal with It...We Had a Falling-Out,'" *Guardian*, December 22, 2015, https://www.theguardian.com/fashion/2015/dec/22/thedress-internet-divided-cecilia-bleasdale-black-blue-white-gold.
2. "Optical Illusion: Dress Colour Debate Goes Global," BBC News, February 27, 2015, https://www.bbc.com/news/uk-scotland-highlands-islands-31656935; Benedictus, "#Thedress"; Terrence McCoy, "The Inside

Story of the 'White Dress, Blue Dress' Drama That Divided a Planet," *Washington Post*, February 27, 2015, https://www.washingtonpost.com/news/morning-mix/wp/2015/02/27/the-inside-story-of-the-white-dress-blue-dress-drama-that-divided-a-nation/; Claudia Koerner, "The Dress Is Blue and Black, Says the Girl Who Saw It in Person," BuzzFeed News, February 26, 2015, https://www.buzzfeednews.com/article/claudiakoerner/the-dress-is-blue-and-black-says-the-girl-who-saw-it-in-pers.

3. Pascal Wallisch, "Illumination Assumptions Account for Individual Differences in the Perceptual Interpretation of a Profoundly Ambiguous Stimulus in the Color Domain: 'The Dress,'" *Journal of Vision* 17, no. 4 (2017): 5; Christoph Witzel, Chris Racey, J. Kevin O'Regan, "The Most Reasonable Explanation of 'The Dress': Implicit Assumptions about Illumination," *Journal of Vision* 17, no. 2(2017): 1.

4. Chris Shelton, "Let's Get into Neuroscience with Dr. Jonas Kaplan," *Sensibly Speaking* podcast, https://www.youtube.com/watch?v=_dPl6NKI1M4, 41:00.

5. Jonas Kaplan, "This Is How You Achieve Lasting Change by Rewiring Your Beliefs," Impact Theory, November 25, 2021, https://impacttheory.com/episode/jonas-kaplan/.

6. Christopher Chabris and Daniel Simons, *The Invisible Gorilla: And Other Ways Our Intuitions Deceive Us* (New York: Crown Publishers, 2011).

7. James Alcock, *Belief: What It Means to Believe and Why Our Convictions Are So Compelling* (Amherst, NY: Prometheus Books, 2018).

8. Joshua Klayman and Young-won Ha, "Confirmation, Disconfirmation, and Information in Hypothesis Testing," *Psychological Review* 94, no. 2 (1987): 211–228.

9. Richard E. Nisbett and Timothy D. Wilson, "Telling More Than We Can Know: Verbal Reports on Mental Processes," *Psychological Review* 84, no. 3 (1977): 231–259.

10. Francis Bacon, *The New Organon, or True Directions Concerning the Interpretation of Nature*, 1620.
11. Drake Baer, "Kahneman: Your Cognitive Biases Act Like Optical Illusions," *New York* magazine, January 13, 2017, https://www.thecut.com/2017/01/kahneman-biases-act-like-optical-illusions.html.
12. Baer, "Kahneman."

10　独立面具伪装下的社会人

1. Jeff Pearlman, *Love Me, Hate Me: Barry Bonds and the Making of an Antihero* (New York: HarperCollins: 2006); Jeff Pearlman, "For Bonds, Great Wasn't Good Enough," ESPN, March 14, 2006, https://www.espn.com/mlb/news/story?id=2368395.
2. A. W. Tucker, "The Mathematics of Tucker: A Sampler," *The Two-Year College Mathematics Journal* 14, no. 3 (1983): 228–232.
3. Varda Liberman, Steven M. Samuels, and Lee Ross, "The Name of the Game: Predictive Power of Reputations versus Situational Labels in Determining Prisoner's Dilemma Game Moves," *Personality and Social Psychology Bulletin* 30, no. 9 (2004): 1175–1185.
4. Matthew Lieberman, "The Social Brain and the Workplace," Talks at Google, February 4, 2019, https://www.youtube.com/watch?v=h7UR9JwQEYk.
5. Alexis de Tocqueville, *Democracy in America, Volume II*, translated by Henry Reeve, 1840.
6. Mark Manson, "9 Steps to Hating Yourself a Little Less," Mark Manson blog, August 26, 2016, https://markmanson.net/hate-yourself.
7. Richard Schiffman, "We Need to Relearn That We're a Part of Nature, Not Separate from It," billmoyers.com, March 2, 2015.
8. Scott Galloway, "The Myth—and Liability—of America's Obsession with Rugged Individualism," Marker, March 15, 2021, https://medium.com/marker/the-myth-and-liability-of-americas-obsession-with-rugged-

individualism-cf0ba80c2a05.
9. Roy F. Baumeister and Mark R. Leary, "The Need to Belong: Desire for Interpersonal Attachments as a Fundamental Human Motivation," *Psychological Bulletin* 117, no. 3 (1995): 497–529.
10. Baumeister and Leary, "The Need to Belong."
11. Jonathan White, *Talking on the Water: Conversations about Nature and Creativity* (San Antonio, TX: Trinity University Press, 2016).

11 挑战固有信念

1. Charles G. Lord, Lee Ross, and Mark R. Lepper, "Biased Assimilation and Attitude Polarization: The Effects of Prior Theories on Subsequently Considered Evidence," *Journal of Personality and Social Psychology* 37, no. 11 (1979): 2098–2109.
2. Jonas T. Kaplan, Sarah I. Gimbel, and Sam Harris, "Neural Correlates of Maintaining One's Political Beliefs in the Face of Counterevidence," *Scientific Reports* 6 (2016): 39589.
3. Brian Resnick, "A New Brain Study Sheds Light on Why It Can Be So Hard to Change Someone's Political Beliefs," Vox, January 23, 2017, https://www.vox.com/science-and-health/2016/12/28/14088992/brain-study-change-minds.
4. Jacqueline Howard, "This Is Why You Get Worked Up about Politics, According to Science," CNN, January 3, 2017, https://www.cnn.com/2017/01/03/health/political-beliefs-brain/index.html.
5. Valerie Curtis, Mícheál de Barra, and Robert Aunger, "Disgust as an Adaptive System for Disease Avoidance Behaviour," *Philosophical Transactions of the Royal Society B* 366, no. 1563 (2011): 389–401.

13 珍惜每一天

1. Erik Erikson, *The Life Cycle Completed* (New York: W. W. Norton, 1982),

112.
2. Daniel Kahneman et al., "A Survey Method for Characterizing Daily Life Experience: The Day Reconstruction Method," *Science* 306, no. 5702 (2004): 1776–1780; Daniel Kahneman et al., "The Day Reconstruction Method (DRM): Instrument Documentation," July 2004, https://dornsife.usc.edu/assets/sites/780/docs/drm_documentation_july_2004.pdf.
3. Steve Jobs, Commencement Address, Stanford University, June 12, 2005, https://news.stanford.edu/2005/06/14/jobs-061505/.
4. Seneca, *On the Shortness of Life*.
5. Eugene Kim, "'One Day, Amazon Will Fail' but Our Job Is to Delay It as Long as Possible," CNBC, November 15, 2018.

致谢

感谢丽莎，我的一生挚爱。你清澈、坦率的爱让我的内心充盈而幸福。你真诚生活的态度和能力让我感到敬佩。你对我们家庭坚定不移的无私奉献如一阵幸福的微风，不徐不疾，带领我们感受一路的爱与冒险。因为有了你，我不再祈求风平浪静，而是想要破浪前行。你的爱教会了我接受的真谛。我深深地爱着你。

感谢我的儿子格雷森，你的勇气、力量和善良每天都在激励着我。你的存在时刻提醒着我要带着幽默直面当下。

感谢我的家人，我的妈妈、爸爸和姐姐，感谢你们为我的人生奠定了基础。你们的爱和指导为我提供了坚实的基础，也给予我探索的自由。感谢娜娜，你永远是我最大的支持者。感谢爷爷，你坚持"想得好才能过得好"的生活。感谢马里奥、丽塔、帕皮、阿贝拉、洛莉，还有莫拉医生和比尔斯医生，你们对我非常重要，请恕我无法一一描述，但我永远心存感激。

感谢凯文·莱克，你杰出的智慧和坚定的奉献精神为这本书的每一页都注入了活力。对于每个概念是如何存在于我们内心的，你做出了深刻而诚实的探索，对此，我深表感激。你如火炬般引领我们在真实生活中践行掌控的第一准则，谢谢你的贡献。

感谢整个《掌控之路》播客团队，谢谢你们分享我的激情，与我一起追求我们共同的目标。你们的才华和勇气使这个项目不只是我最疯狂的梦想。

感谢我的导师加里·德布拉西奥，您如一面明镜，让我看见真实。您的指导和智慧照亮了我看不见的地方，引领我从根本上由内而外地探索。

感谢我的每一位客户，谢谢你们信任我，与我分享你们最深刻的梦想、见解和恐惧。你们的勇敢鼓舞了我，增强了我们对彼此生活的深远影响。

感谢本书编辑凯文·埃弗斯，你工作认真负责，思路清晰。你看见了这本书的可能性，在你的细致引导下，这本书从最初的草稿逐渐成形，最终变成现在的样子。

最后，感谢你，我的读者。无论是他人推荐还是纯属偶然，让你看到了这本书，我都要感谢你的信任，感谢你愿意阅读此书。我最深切的希望是，我们在一起的时光能给你的生活增添意义。